気象予報士と学ぼう！

天気のきほんがわかる本 ①

天気予報をしてみよう

【文】吉田忠正　　【監修】武田康男・菊池真以

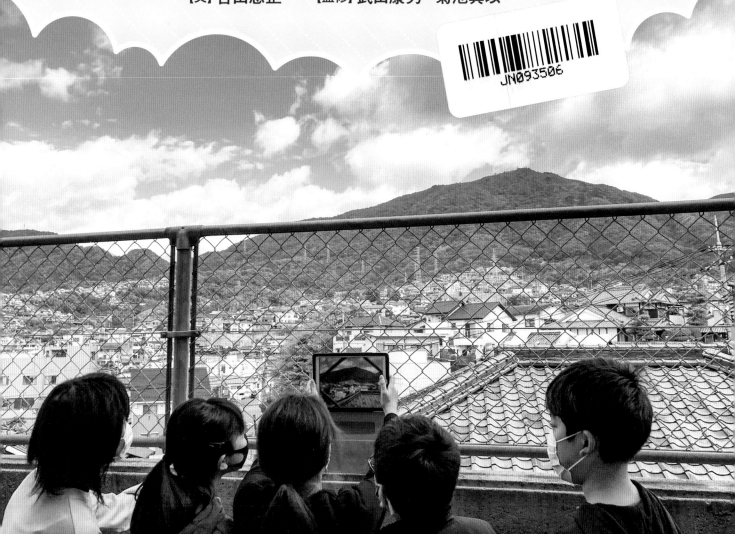

気象予報士と学ぼう！
天気のきほんがわかる本❶
天気予報をしてみよう

もくじ

私たちといっしょに、楽しく学んでいこうね！

武田康男
（気象予報士、空の写真家）

菊池真以
（気象予報士、気象キャスター）

  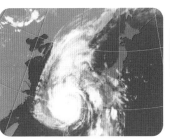 

表紙の写真／百葉箱で観測・つくば市立春日学園義務教育学校（上左）、雲のようす（上右）、天気図（下左）、雲の観測（下右）
裏表紙の写真／校内放送で天気番組を放映・呉市立長迫小学校　　扉の写真／雲をしらべる・呉市立長迫小学校

この先の天気を予想するには

　この先の天気を予想できるといいですね。雨がふりそうだとわかれば、傘を持って出かけることができます。さらに、大雨になりそうなときには、早く避難することもできるでしょう。また、暑い日は、すずしい服を着れば、すごしやすいです。このように、この先の天気を知ることは、毎日のくらしにとても役だちます。

　では、テレビやラジオで天気予報を伝えている気象キャスターは、どのようにして天気を予想しているのでしょうか。じつは、プロの現場でも、まずは今の空のようすを知ることから始まります。空にうかぶ雲は、ふわふわとした白い雲だったり、真っ黒でどんよりとした雲だったりと、いつもちがいます。今どんな雲が出ているのかが、この先の天気を知る手がかりになります。

　たとえば、ある夏の日の午後、空を観察していると、遠くに大きな雲を見つけました（上の写真）。じっと見ていると、少しず

午後になると、北の空でもくもくと
にゅうどう雲が成長しはじめた。雲の
下では、天気が急変するかもしれない。

▲10分後には、横にもひろがってきた。にゅうどう雲はまだ
大きくなるようだ。

▲30分後には、にゅうどう雲はさらに大きくなった。雲の下
は、すでに雷雨になっているだろう。

つ上にも横にもひろがって、たったの30分
で、さらに大きな雲になりました。雲の下で
は、ザーッと強い雨がふりだしているでしょ
う。もしかしたらかみなりも鳴っているかも
しれません。空をじっくり観察していると、
天気がつぎからつぎへとかわることに気がつ
きます。それが天気予報のはじめの一歩なの
です。
　みなさんも、空を観察することから始めて
みませんか。　　　　　　　　　（菊池真以）

▲スタジオで収録中の菊池真以さん。

天気をしらべて記録する

晴れとくもりは何で決まる？

天気予報で、「晴れ」や「くもり」といったことばをよく聞きますね。ところでこの晴れとくもりは、どこで区別するのでしょう？実際は気象台の人が地上から空を見あげて、空全体をどのくらいの量の雲がおおっているか（雲量）によって決めています。雲がまったくないときは「雲量0」、半分くらいのときは「雲量5」、空がすべて雲でおおわれて

いたら「雲量10」となります。こうして雲量0〜1のときを「快晴」、雲量2〜8のときを「晴れ」、雲量9〜10で雨や雪がふっていないときを「くもり」といいます。ただし、天気予報では雲量0〜8を、快晴もふくめて「晴れ」としています。

雲量をしらべるには、校舎の屋上や広場など、空が広く見える場所がおすすめです。

7月22日　午前11時　雲量5　晴れ ☀ (◑)

○	快晴
◐	晴れ
◎	くもり

◀空全体を写真にとることができる魚眼レンズで撮影した空の写真。

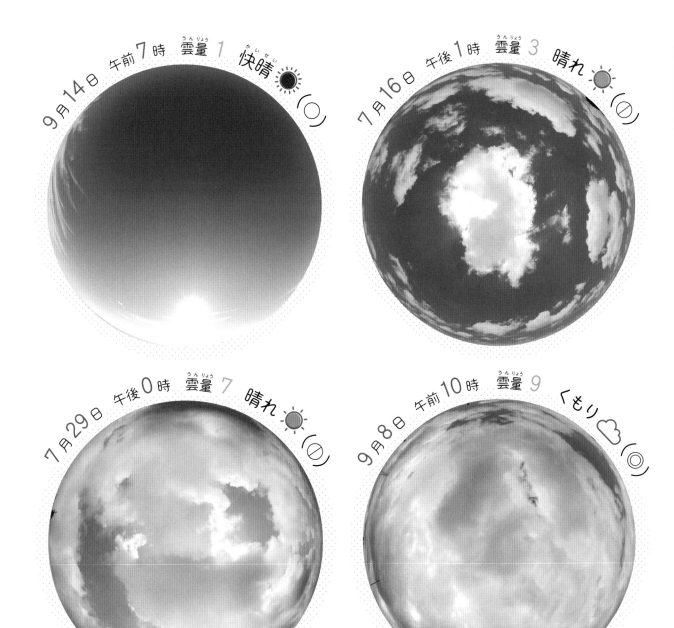

9月14日 午前7時 雲量1 快晴 ☀(◉)

7月16日 午後1時 雲量3 晴れ ☀(◑)

7月29日 午後0時 雲量7 晴れ ☀(◑)

9月8日 午前10時 雲量9 くもり ☁(◎)

☺ Let's Try! **おたまじゃくしで雲量をはかろう**

　雲量をはかるには、台所にあるおたまじゃくしをつかうと、雲の割合をとらえやすい。空全体を見わたせるような広い場所に行ったら、おたまじゃくしのうら側を空にむけてみよう。すると、そこには空の全体が映っている。一部、自分の体が入ってしまうが、そこは空か雲か、おおよその見当がつくだろう。こうして確認した雲量は、空日記に記録しておこう。

　おたまじゃくしのほかにも、「雲観察実験ドーム」という空全体が映る器具をつかう方法もあるよ。

▲雲観察実験ドーム

◀おたまじゃくし

一日の空の変化を記録しよう

　日によって天気の変化はさまざまです。一日中ずっと晴れている日もあれば、くもりの日もあります。一日のうちで、天気がゆっくりとかわる日もあれば、雲がはげしく動いて、みるみるかわる日もあります。なかでも季節のかわり目や、梅雨のころ、台風が近づくときは、空が大きくかわります。

　たとえばある夏の一日。朝のうちは晴れて

いても、昼ごろから白い雲がむくむくともりあがり、気がつくと空一面を厚い雲がおおっています。そしてとつぜん、はげしい雨がふることがあります。このような日は、いろいろな雲がつぎつぎにあらわれるので、雲を観察するには絶好の「雲見日和」です。また、さまざまな雲がうかぶ空のことを、「雲の展覧会」ともいいます。

7月15日の空のようす

朝は青空が多かったが、
みるみる厚い雲が空をおおいはじめた。

午前
10時15分

午後
0時15分

急に空が暗くなって、
雨がぽつぽつ
ふりはじめた。

あっという間に
大つぶの雨になった。

Let's Try! 空の写真をとろう

ふだんからよく行くところで、空が広く見える場所を、自分だけの「空の撮影スポット」と決めておこう。まず方角を決めて、カメラの向きが水平になるようにする。つぎに建物や木を目印にして、それが写真の下のほうにくるようにする。こうしてシャッターをおすと、決まった位置から決まった方角の写真をとることができる。スマートフォンや携帯電話でもきれいにとれるよ。ここでひとつだけ注意。目をいためるので絶対に太陽を直接、目で見ないように！

雲のようすを
日記につけたり、
スケッチしたりして
記録しておこう。

雨があがり、青空がひろがって、
太陽も出てきた。

午後
2時30分

午後6時

夕方になると、ひくいところの雲は
ほとんど消えて、高いところの
雲がたなびいていた。

空日記を
つけよう②

毎日、決まった時間に記録しよう

空のようすは、一年を通じてさまざまにかわります。また季節によっては、その時季によく見られる空もあります。

空は毎日、どのような顔を見せてくれるのでしょうか？　毎日、決まった時間に、決まった場所から、同じ方向の空のようすを、日記やスケッチ、写真などで記録してみましょう。そのとき、雲はどちらの方向に流れ

 4月の空　正午

4月16日　くもり。晴れていたが、空のひくいところに、どんよりとした雲がひろがってきた。気温は8℃。

4月17日　雨。空は暗い雨雲でおおわれ、朝からずっと雨がふりつづいている。気温は9℃。

4月18日　晴れ。雨があがって、青空がみるみるひろがっていく。あたたかくなる。気温は13℃。

 7月の空　正午

7月15日　くもり。朝からずっと灰色の雨雲が、ひくくたれこめている。梅雨の空だ。気温は21℃。

7月16日　晴れ。雨があがり、青空がひろがっていく。南風がふいてきた。梅雨あけ。気温は25℃。

7月17日　快晴。山にちょっと雲がかかっているだけで、空一面の青空。夏の空だ。気温は27℃。

ているか、スピードはどうかなど、気がついたことをしるしておくとよいでしょう。そうすることで、空のようすをより細かくとらえることができます。以下に、毎日、正午にとった空の写真を紹介します。空の変化するようすがわかるでしょう。

このように、毎日の空の変化を追いかけていると、これから先の天気を予想できるようになります。

毎日、時間と場所を決めて、記録することがたいせつ!!

10月の空　正午

10月20日　晴れ。すみわたった秋の空。高いところにうすい雲がうかんでいる。気温は13℃。

10月21日　晴れ。雲がみるみるふえてくる。動くスピードも速い。天気がくずれそうだ。気温は12℃。

10月22日　くもり。いろいろな高さに、雲がひろがってきた。灰色の雲から雨がふりそう。気温は16℃。

1月の空　正午

1月18日　くもり。灰色のひくい雲がひろがって、だんだんふえていく。気温は0℃で寒い。

1月19日　快晴。真っ青な空。北西の風が強く、山にぶつかった風でひくい雲ができた。気温は2℃。

1月20日　快晴。風がなく、気温があがっているので、空は少しかすんでいる。気温は4℃。

一日のうちで気温はどう変化する?

天気予報をするには、雲の観察のほかにも、気温や湿度、降水量、風向・風速などの観測が必要です。ここではまず、気温をはかることから始めましょう。気温はふだんはアルコール温度計ではかります。風通しのよいところで太陽の光が温度計に直接あたらない

ようにして、地面から1.2～1.5mの高さにおいてはかります。

温度計の目もりを読むときは、温度計の赤いアルコールの頭の部分が、観察する人の目に対して直角になるようにします。こうして1時間～1時間半おきに気温をはかって、ノートに記録します。

また、一日のなかの気温の変化を記録し、グラフにして見せてくれる観測機器があります。自記記録温度計といって、何時ごろ気温がいちばんひくくなったのか、いちばん高くなったのかが、ひと目でわかります。また晴れの日や雨の日によって気温の変化のしかたがことなることもわかります。

▲気温をはかるときは、太陽の光があたらないように、紙パックで温度計のまわりをかこむ。温度計の目もりの位置が目の高さにくるようにして、3～5分くらいはかる。

◀アルコール温度計

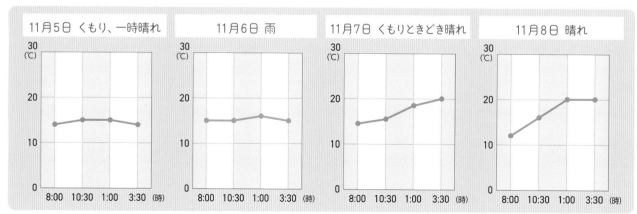

「1日の気温の変化と天気，場所の関係」 担当者分担				B神 日カゲ
日にち	朝（8時頃）	業間（10:30頃）	昼休み（1時頃）	帰り（15:30頃）
11月5日	14℃ くもり	15℃	15℃	14℃
11月6日	15℃ あめ	15℃ 雨	16℃ 雨	15℃ 雨
11月7日	14.5℃	15.5℃	18.5℃	20℃ くもり
11月8日	12℃	16℃ はれ	20℃ はれ	20℃ はれ

「天気に関する言い伝えは本当か」検証する。本当だった言い伝えを書きましょう。
・つくば山が見えると晴れ・見えないと雨、くもり
・つくば山にかさがかぶると雨
・夕日が見えると晴れ

▲観察記録　晴れの日と雨の観察記録。毎日決めた時間に気温をはかり記録する。ほかに気づいたことがあったらしるす。

11月5日 くもり、一時晴れ	11月6日 雨	11月7日 くもりときどき晴れ	11月8日 晴れ

▲グラフにすると気温の変化がひと目でわかる。

Information 百葉箱で気温や湿度をはかる

百葉箱は、どこでも同じ状態で、気温や湿度をはかれるようにつくられた装置。小さな家のような白い箱で、風通しをよくするために四方をよろい戸でかこい、太陽の照りかえしや雨のはねかえりがない場所にもうけられている。中には、温度計、乾湿計、自記記録温度計などが入っている。

◀ **百葉箱** 中の温度計は地面から1.5mの高さにおいてある。

▼ **最高温度計（上）と最低温度計（下）** その日のうちの最高気温と最低気温をはかる。

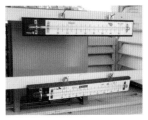

◀ **湿度をはかる乾湿計** 乾球と湿球の温度差から湿度をもとめる。（→16ページ）

一週間分の気温がずっと記録されているよ。毎週、用紙を交換すること。インクの切れにも注意しよう。

▶ **自記記録温度計** 気温が変化するようすを自動でグラフにして記録する。

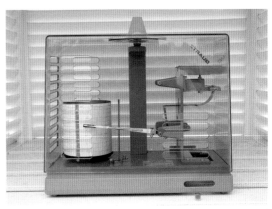

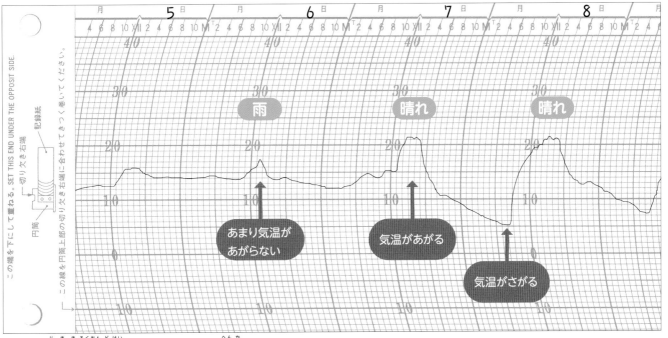

▲自記記録温度計で記録された気温の変化。

気温を
はかろう②

場所によってことなる気温

同じ校内でも、場所によって気温はことなります。12～13ページでは、決まった場所（定点）で気温をはかりましたが、今度はいろいろな場所で気温をはかって、そのちがいをしらべてみましょう。

同じ教室内でも、1階と3階ではどうでしょうか？　グラウンドでも地面が土と芝生ではちがいます。風通しのよいところはどうでしょう？　みなさんがふだん活動しているおもな場所をえらんで、気温をはかってみましょう。そしてどんなちがいがあるのか、どうしてちがうのか、そのわけを話しあってみましょう。

天気予報でいう気温は、日なたで直射日光があたらないようにしてはかった気温です。夏にはよく、「今日の最高気温は35℃になります」というニュースを耳にしますが、私たちが通う道路や町なかの気温、運動する学校のグラウンドの気温は、それよりも高いことが多いです。どのくらいちがうかをしらべてみましょう。

11月7日　天気：くもりのち晴れ

❶芝生のグラウンド
❷B棟とC棟のあいだの日かげ
❸D棟1階のろうか
❹D棟3階のろうか
❺駐車場
❻百葉箱
❼土のグラウンド

❶芝生のグラウンド

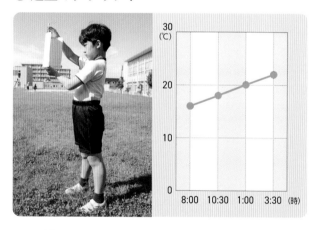

❷B棟とC棟のあいだの日かげ

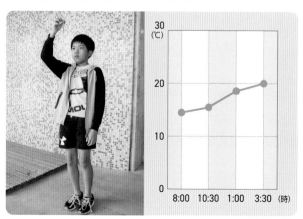

❸D棟1階のろうか

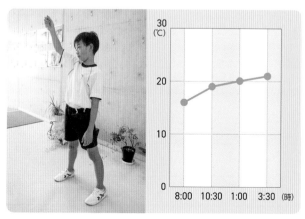

④ D棟3階のろうか

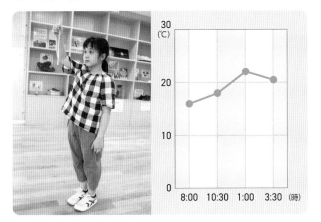

⑤ 駐車場

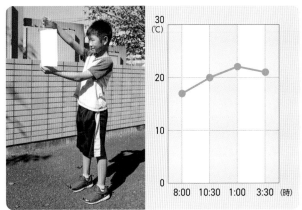

⑥ 百葉箱

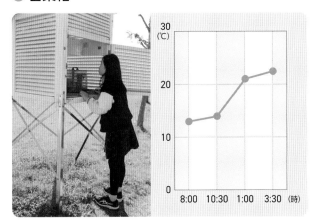

⑦ 土のグラウンド

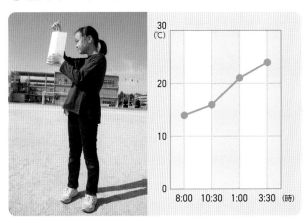

Let's Try! 地表面の温度をはかってみよう

地表面の温度は、地面から1.5mの高さの気温とはことなり、場所によってかなりちがうようだ。それをはかるには、赤外線放射温度計をつかう。赤外線をうけて、表面から出ている熱エネルギーをはかる温度計だ。グラウンドやアスファルトの道路など、いろいろと場所をかえ、日なたや日かげの温度をはかってみよう。

8月26日　午後2時　晴れ　気温35℃

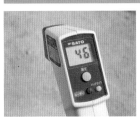

▲日なたの土　46℃

▲日なたの芝生　32℃

▲アスファルトの道路　54℃

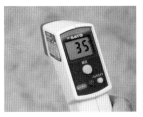

▲日かげの土　35℃

▲白い石の階段　46℃

▲花壇のアサガオ　27℃

1章

天気をしらべて記録する

15

湿度と降水量をはかる

湿度のはかりかた

湿度は、空気中にふくまれる水蒸気の割合をしめすもので、最大水蒸気量の何パーセント（％）にあたるかをあらわします。湿度をはかるには、いろいろな方法がありますが、ここでは百葉箱の中に入っている乾湿計を見てみましょう。

これは乾燥すると水が蒸発し温度がさがるという性質を利用したものです。しめらせた布をまいた温度計（湿球）と、ふつうの温度計（乾球）で温度をはかって、それぞれがしめした温度の差から湿度をもとめます。

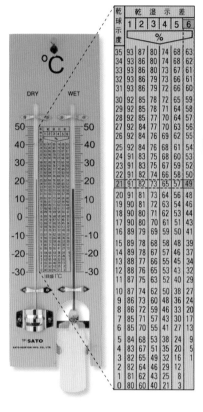

乾球示度	乾湿示差					
	1	2	3	4	5	6
	%					
35	93	87	80	74	68	63
34	93	86	80	74	68	62
33	93	86	80	73	67	61
32	93	86	79	73	66	61
31	93	86	79	72	66	60
30	92	85	78	72	65	59
29	92	85	78	71	64	58
28	92	85	77	70	64	57
27	92	84	77	70	63	56
26	92	84	76	69	62	55
25	92	84	76	68	61	54
24	91	83	75	68	60	53
23	91	83	75	67	59	52
22	91	82	74	66	58	50
21	91	82	73	65	57	49
20	91	81	73	64	56	48
19	90	81	72	63	54	46
18	90	80	71	62	53	44
17	90	80	70	61	51	43
16	89	79	69	59	50	41
15	89	78	68	58	48	39
14	89	78	67	57	46	37
13	88	77	66	55	45	34
12	88	76	65	53	43	32
11	87	75	63	52	40	29
10	87	74	62	50	38	27
9	86	73	60	48	36	24
8	86	72	59	46	33	20
7	85	71	57	43	30	17
6	85	70	55	41	27	13
5	84	68	53	38	24	9
4	83	67	51	35	20	5
3	82	65	49	32	16	1
2	82	64	46	29	12	
1	81	62	43	25	7	
0	80	60	40	21	3	

湿度をはかる

▲ 温度と湿度をはかる温湿計　上の目もりが温度、下の目もりが湿度。

◀ 乾湿計　乾球（左）の温度が21℃、湿球（右）の温度が15℃、その温度差は6℃。右の表で、6の列を下にさがり、乾球の温度21とまじわるところの数字49が、このときの湿度、49％となる。

▼ 温湿度データロガー記憶計　温度と湿度をはかって記憶する。センサーを百葉箱に入れておき、データをパソコンで取りこみ、見ることができる。

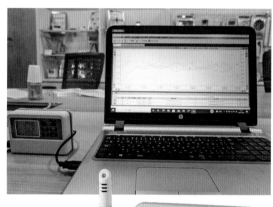

Information　髪の毛で湿度をはかる？

18世紀後半、ヨーロッパで女性の髪の毛を用いた湿度計が発明された。髪の毛は湿度が高いとのび、乾燥するとちぢむという性質があり、これを利用してつくられたのだ。1993年まで日本の各地の気象台でつかわれていた。どこにでもおけること、火災の心配がないことなどから、今も美術館や博物館などでつかわれている。

◀ 毛髪自記湿度計
右の直方体の箱の中に、長さ約26cmの髪の毛を入れておく。髪の毛がのびちぢみすると、それが自記三角ペンに伝わり、左の回転する筒にまかれた紙に記録される。

（提供：札幌管区気象台）

降水量（雨量）のはかりかた

ふだん「降水量」ということばをよくつかいますが、これは雨のほかに、雪やみぞれ、ひょう、あられなどを水にもどしてはかった量です。その場所で、一定時間にどのくらいふったかをしめすもので、降水の深さをミリメートル（mm）であらわします。雨だけの場合は「雨量」といい、雨量計ではかります。

かつてよくつかわれていたのは、百葉箱の近くにある貯水型雨量計です。現在では、自動的に雨量をはかる転倒ます型雨量計がよくつかわれています。

1章

天気をしらべて記録する

雨量をはかる

◀ **貯水型雨量計** ❶雨量計の受水器。❷受水器の中の貯水びんから、雨量ますに水を移す。❸雨量ますの目もりを読んで雨量を記録する。

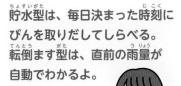
貯水型は、毎日決まった時刻にびんを取りだしてしらべる。転倒ます型は、直前の雨量が自動でわかるよ。

▲ **転倒ます型雨量計** 0.5mmの雨水がたまると、ますがたおれて、雨水を排出する。そのたおれた回数が記録されて雨量が計算される。写真右は分解したところ。

 Let's Try! 雨量計をつくってみよう

用意するもの
・1.5リットルの円筒型ペットボトル1本
・はさみ
・ビニールテープ

1 ペットボトルの上のほうに水平線をひき、はさみで切りはなす。

2 切りはなした上の部分をさかさにして、ペットボトルの中にさしこむ。ペットボトルのふちをテープでとめる。

3 目もりを書いた紙を用意。ペットボトルの底よりも少し高い位置に0mmがくるようにはる。

4 0mmの目もりまで水を入れて、測定を始める。風で飛ばされないように、植木鉢などに入れておく。

測定
毎日、決まった時間に目もりを読む。測定が終わったら、水が0mmの目もりのところにくるようにしておく。

気圧と風向・風速をはかる

気圧のはかりかた

　大気の重さが上空から地面などにもたらす圧力を気圧といい、単位はヘクトパスカル（hPa）であらわします。気圧は場所や時間によって変化し、天気に大きな影響をあたえます。一般に気圧がさがると天気が悪くなり、気圧があがると晴れることが多くなります。

　気圧をはかる機器には、アネロイド気圧計があります。中にある真空のかんが、気圧によっておされる度合いをはかって気圧をもとめる機器です。

風向・風速のはかりかた

　空気は気圧の高いところからひくいところへむかって移動します。この空気の移動を風といいます。風を観測するには、風のふいてくる方向（風向）と、風の速さ（風速）の両方をはかります。風はたえず変化しているので、ふつうは10分間の平均値をとります。

　また、風速は空気が1秒間に移動する距離をあらわします。1秒間に10m移動した場合、「毎秒10mの風」といいます。風向・風速は、風向風速計をつかうと、両方同時にはかることができます。

気圧をはかる

▶アネロイド
気圧計

▶自記記録気圧
計　気圧の変化
を自動的に記録
する。

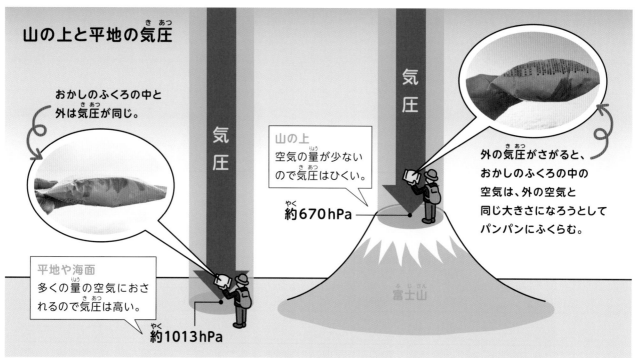

山の上と平地の気圧

おかしのふくろの中と
外は気圧が同じ。

山の上
空気の量が少ない
ので気圧はひくい。

約670hPa

外の気圧がさがると、
おかしのふくろの中の
空気は、外の空気と
同じ大きさになろうとして
パンパンにふくらむ。

平地や海面
多くの量の空気におさ
れるので気圧は高い。

約1013hPa

富士山

▲山の上など高いところは、その上の空気の量が少ないので、気圧はひくい。それにくらべ、平地は気圧が高い。

Let's Try! 風向・風速をしらべてみよう

スズランテープを幅5mm、長さ30cmくらいに切って、棒の先にはりつける。これを風にかざすと、風がふいていく先にテープがなびくので、風向がわかる。方位磁針で方位を確認しよう。風速は、ピンポン玉にたこ糸をテープではりつけたものを風にかざしてしらべられる。そのゆれぐあいを、強・中・弱の目もりをつくって確認しよう。

▶方位磁針

▲風向しらべ　▲風速しらべ

風向・風速をはかる

◀▼風車型風向風速計　風がふいてくる方向にプロペラの先がむく。一定時間のプロペラの回転数で風速をもとめる。写真下は風車型風向風速計のデータ。パソコンで読みとることができる。

▲風杯型風速計　おわんの形をした風杯に風があたると回転し、風速を測定する。

▶デジタル風速計　上についているプロペラの回転数を風速にかえて表示する。ディスプレイの下段が風速、上段が気温。

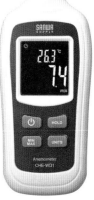

Information すべてそなえた観測機器

これまではそれぞれの目的ごとに観測機器を紹介してきたが、気温、湿度、気圧、風向・風速、雨量をまとめて測定できる観測機器が登場したので紹介しよう。「ウェザーステーション」という機器で、校舎の屋上などにそなえておき、ここで検知したデータは、無線で受信機におくられ、室内でリアルタイムに見ることができる。

▲屋上にそなえたウェザーステーションの観測用センサー。上には風杯型の風速計が、下には尾翼のついた風向計が見られる。

▲受信機は幅20cmくらい。左上の円は風向、数字は風速。右の数字は上から気温と湿度（ともに室内と屋外）、気圧、雨量。

（提供：田中千尋）

観測結果をまとめよう

これまで雲量をはじめ、気温や湿度、降水量、気圧、風向・風速など気象観測のしかたを学んできました。つぎにそれらをまとめてオリジナルの記録用紙に記録しましょう。

ここでは広島県呉市にある長迫小学校の取りくみを紹介します。同校では、2003年から毎日、気象観測をして、その記録をもとに昼休みに「お天気ステーション」という校内放送をおこなっています。朝、授業が始まる前に百葉箱で気温や湿度を、雨量計で降水量を、手もちの風向風速計で風向を、おたまじゃくしで雲量をはかるなどして、気象データを集めます。

昼休みのチャイムが鳴ると、6年生は「お天気ステーション」の準備に取りかかります。台本を書き、12時25分から本番。その内容は各クラスのテレビで放送され、給食をとりながら見ています。

気象観測をして結果をまとめる

❶百葉箱で気温をはかる。

❷風向風速計で風向をはかる。

❸雨量計で降水量をはかる。

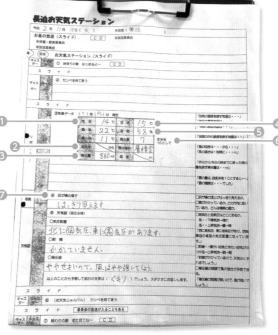

❼学校の北側に見える灰ヶ峰にかかる雲のようすをしらべる。

❹温度計で地面の温度をはかる。

❺デジタル温湿度計で湿度をはかる。

❻おたまじゃくしで、雲量をはかる。

お天気ステーションの本番

ディレクター、キャスター、リポーター、カメラなど8つの役割があり、毎日、交代しながら校内放送をおこなっている。

▶ リポーターがこの日の気象データを発表する。

▲ お天気キャスターの解説を、ビデオカメラでとって放映する。

◀ 天気図をもとに、高気圧や低気圧、前線の位置、等圧線のこみぐあいを解説し、天気を予測する。

▶ 最後に注意することを伝える。

Information 気象庁の生物季節観測

日本で気象の観測や予報などをおこなっている気象庁では、日本各地の下の6つの植物の観測する木（標準木）を決めて、花が開花した日、または葉が紅葉（黄葉）した日をしらべて、統計をとっている。毎年つづけることで、季節のおくれやすすみぐあいなどを知るめやすになる。みんなもほかに、ウグイスやセミの初鳴きなど、気づいたことを記録しておこう。

ウメ（おもに白色の花）5〜6輪の花がさいた日を開花日とする。

サクラ（ソメイヨシノ、ヒカンザクラ、エゾヤマザクラ）5〜6輪の花がさいた日を開花日とする。

アジサイ 真の花（両性花）が2〜3輪さいた状態を開花日とする。

ススキ 穂の数が全体の20％に達した最初の日を開花日とする。

カエデ（おもにイロハカエデ）木のなかのほとんどの葉が紅色にかわった日を紅葉日とする。

イチョウ 木のなかのほとんどの葉が黄色にかわった日を黄葉日とする。

21

2章 天気予報にチャレンジ！

天気図の読みかた

天気図は、テレビの天気予報の番組や、新聞の天気欄などでよく見かけます。日本列島を中心に、「高」や「低」の文字をはじめ、天気記号がしるされています。さらに、何本も曲線（等圧線）がひかれ、これを横ぎるように記号のついた線（前線）がのびています。

「高」は高気圧で、まわりよりも気圧が高いところをさし、「低」は低気圧で、まわりよりも気圧がひくいところをさします。一般に低気圧の近くは雨やくもりが多く、高気圧のまわりは晴れることが多いです。

下の天気図を見てください。日本の西側に低気圧、東側に高気圧がありますね。天気は西から東へかわっていきます。日本列島は晴れのところが多かったのに、この日の天気は下り坂であることがわかります。しかし、その後には西にある高気圧が近づいてくるので、晴れそうです。このように、天気図を見ると、前の天気や現在の天気を読みとり、さらにこの先の天気を予想することができます。

●**天気図**
（2021年3月28日6時）

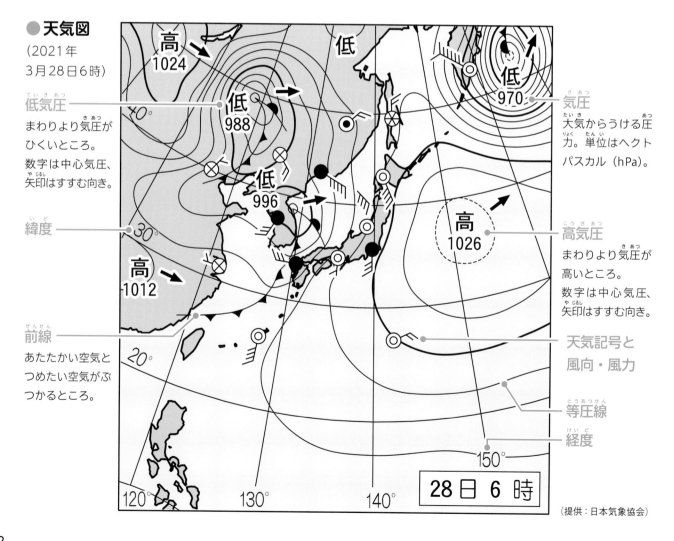

低気圧
まわりより気圧がひくいところ。
数字は中心気圧、矢印はすすむ向き。

緯度

前線
あたたかい空気とつめたい空気がぶつかるところ。

気圧
大気からうける圧力。単位はヘクトパスカル（hPa）。

高気圧
まわりより気圧が高いところ。
数字は中心気圧、矢印はすすむ向き。

天気記号と風向・風力

等圧線

経度

（提供：日本気象協会）

● 天気図(左) と衛星画像(右) <small>(どちらも 2020 年 9 月 6 日 18 時のもの)</small>

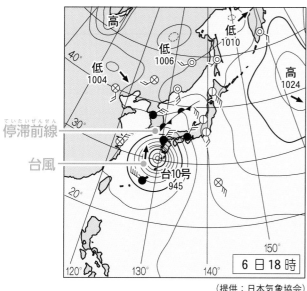

▲雲画像。九州の近くに台風があり、その北に停滞前線がのびている。その前線にそって雨雲がひろがっている。

(提供：日本気象協会)

(提供：ウェザーマップ)

● 天気記号 <small>(日本式天気記号)</small>

記 号	天 気	空のようす
○	快晴	雲量が 0 ～ 1
◐	晴れ	雲量が 2 ～ 8
◎	くもり	雲量が 9 ～ 10
●	雨	空から水滴がふってくる
●ｷ	霧雨	霧のように細かい雨
●ｯ	雨強し	1 時間に 15mm 以上の雨
●ｭ	にわか雨	急にふりはじめて、急にやむ雨
⊗	雪	空から氷の結晶がふってくる
⊗ｯ	雪強し	雪が強くふる
⊗ｭ	にわか雪	急にふりはじめて、急にやむ雪
⊖	みぞれ	雨と雪がまじってふる

記 号	天 気	空のようす
⊙	霧	小さな水滴が空気中にうかんで、1km 先が見えない
⊿	あられ	直径 5mm 未満の氷のつぶ
▲	ひょう	直径 5mm 以上の氷のつぶ
⊖	かみなり	かみなりが光ったり鳴ったりする
⊖ｯ	かみなり強し	かみなりが強く光ったり鳴ったりする
∞	煙霧	空気中に細かいちりがうかび、遠くが見えにくい
◐	砂じん嵐	ちりや砂が強風によりふきあげられる
⊕	地吹雪	地面につもった雪が風でみだれとぶ
◐	ちり煙霧	風で飛ばされたちりや砂が、空気中でういている
⊗	天気不明	観測がなかったときなど

● 気圧や前線をあらわす記号

記 号	説 明
「高」または「H」	高気圧
「低」または「L」	低気圧
「熱低」または「TD」	熱帯低気圧
「台」または「T」	台風
⌒⌒⌒	温暖前線
▲▲▲	寒冷前線
⌒▲⌒▲	停滞前線
▲⌒▲⌒	閉塞前線

● 天気記号と風向・風力

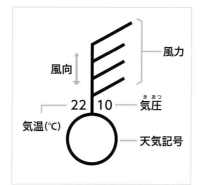

北の風	風力1	↓ ｒ
南東の風	風力3	↖
南西の風	風力8	↗

風がふいてくる方向に線をひき、風力の数字の数だけ、ななめに線をひく。

高気圧と低気圧ができるわけ

　地上の空気の温度は、場所や時間により、大きくことなります。空気はあたたまると、ふくらんで密度が小さくなって気圧がさがります。こうして、まわりとくらべて気圧がひくいところができます。これが低気圧です。

　いっぽう、空気は冷えると、ちぢんで密度が大きくなって、気圧が高いところができます。これが高気圧です。

　高気圧の中心付近は、上空で冷えて重くなった空気が下降気流となって下へおりてき

高気圧と低気圧

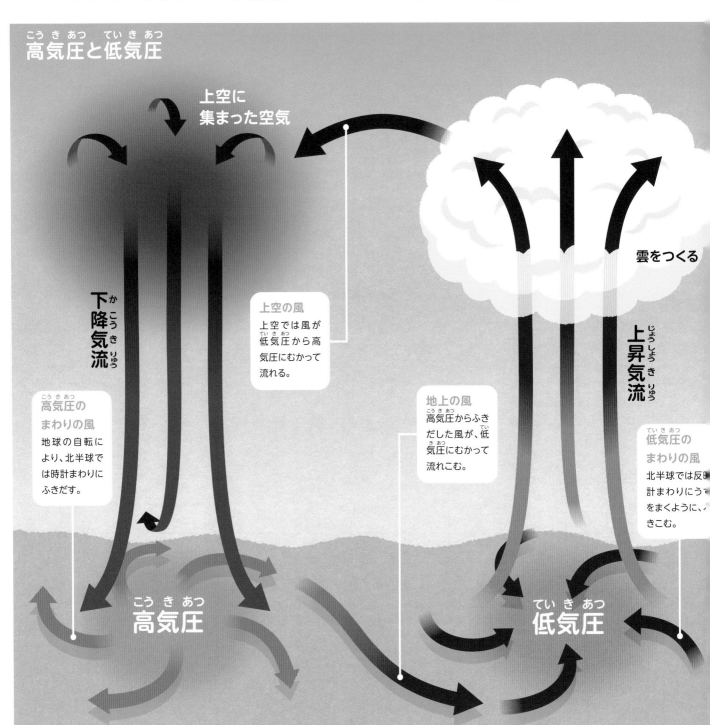

上空に集まった空気

雲をつくる

下降気流

上空の風
上空では風が低気圧から高気圧にむかって流れる。

上昇気流

高気圧のまわりの風
地球の自転により、北半球では時計まわりにふきだす。

地上の風
高気圧からふきだした風が、低気圧にむかって流れこむ。

低気圧のまわりの風
北半球では反時計まわりにうずをまくように、ふきこむ。

高気圧

低気圧

て、気圧のひくいところへむかってふきだします。下降気流は空気を乾燥させるので、このまわりは晴れやすくなります。

低気圧の中心付近は、まわりから空気がふきこんできて、上昇気流となって上空へあがっていきます。空気中にふくまれている水蒸気は上空で冷やされて雲となり、雨や雪をふらせます。

● 高気圧の天気図と写真

（2021年4月10日15時）
高気圧が日本列島全体をおおっている。全国的に晴れ。日差しによってできた雲が山の上にうかんでいる。

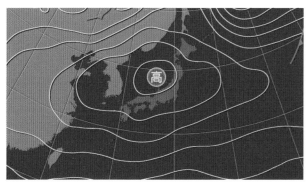

● 低気圧の天気図と写真

（2021年2月15日12時）
低気圧が本州と日本海にある。関東はねずみ色の乱層雲から雨がふっている。

（提供：左右ともウェザーマップ）

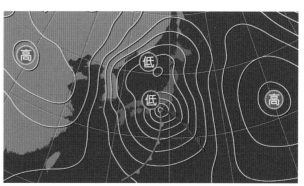

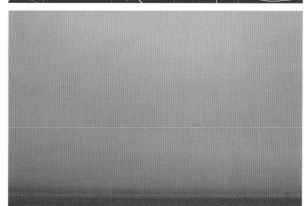

 Information　温帯低気圧と熱帯低気圧

低気圧には2つの種類がある。ふつう「低気圧」というと、日本付近をふくむ温帯〜寒帯で発生する温帯低気圧をさす。温帯低気圧は、あたたかい空気とつめたい空気がぶつかったときにできる低気圧で、前線をともない、雨をふらせることが多い。（→26ページ）

いっぽう、熱帯低気圧は熱帯の海上の、水蒸気がたくさんあるところで発生する。前線をともなわず、発達すると台風になる。（→4巻15ページ）

● 温帯低気圧

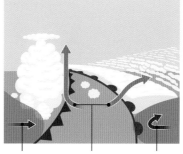

つめたい空気　あたたかい空気　つめたい空気

● 熱帯低気圧

あたたかい空気

前線ができるわけ

前線は北からのつめたい空気と、南からのあたたかい空気がぶつかったときにできます。この2つの空気のさかい目と地表面がせっしたところが前線です。あたたかい空気とつめたい空気の勢力が同じくらいのときは、前線はほとんど動かないで停滞するので、停滞前線ができます。

日本付近では、前線の上に低気圧が発生すると、その西側には寒冷前線ができ、東側には温暖前線ができます。前線は低気圧とともに移動し、その近くでは上昇気流が発生して、雲ができやすくなります。寒冷前線は温暖前線よりもすすみかたが速いので、寒冷前線が温暖前線に追いつくと、閉塞前線ができます。

前線の近くには、雲ができやすく、雨がふるよ。

温暖前線と寒冷前線

▲温暖前線は広い範囲に、しとしとした雨をふらせる。寒冷前線はせまい範囲に、にわか雨やかみなり、強風などをもたらす。

温暖前線

あたたかい空気のいきおいが強いとき、つめたい空気の上にのりあげ、つめたい空気をおしやりながらすすんでいく。広い範囲に雲がひろがり、長い時間、雨や雪をふらせる。通過後は気温があがる。

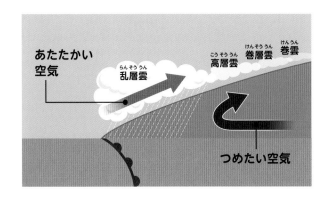

寒冷前線

つめたい空気のいきおいが強いとき、あたたかい空気の下にもぐりこんで、おしあげながらすすむ。あたたかい空気をおしあげるため、積雲や積乱雲ができやすく、せまい範囲に短時間、にわか雨やかみなり、強風などをもたらす。通過後はつめたい風がふいて、気温がさがる。

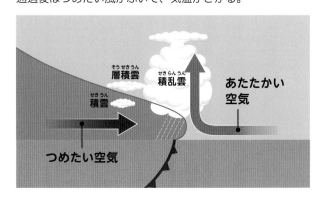

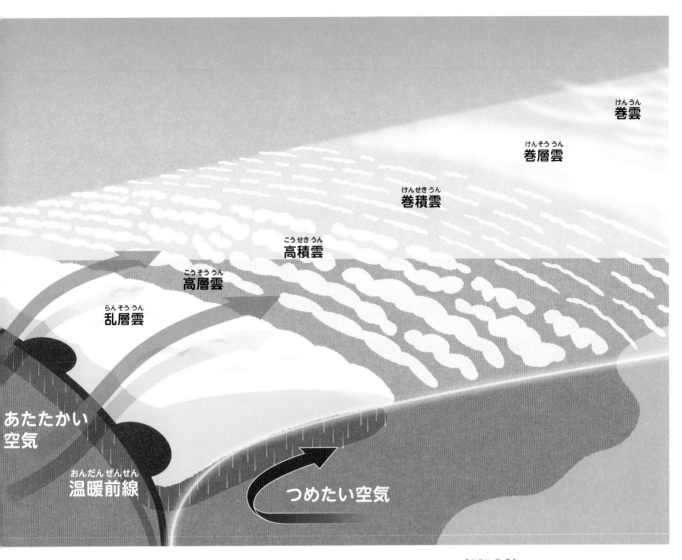

巻雲
けんうん

巻層雲
けんそううん

巻積雲
けんせきうん

高積雲
こうせきうん

高層雲
こうそううん

乱層雲
らんそううん

あたたかい
空気

温暖前線
おんだんぜんせん

つめたい空気

日本付近では、低気圧の
東側に温暖前線が、西側に
寒冷前線がのびることが多いよ。

停滞前線 ていたいぜんせん

はいあがろうとするあたたかい空気と、もぐりこもうとするつめたい空気のいきおいが、同じくらいのときにできる。その前線の上にのりあげたあたたかい空気の上に、厚い雲ができ、ほとんど動かずに長いあいだ、ぐずついた天気がつづく。梅雨前線と秋雨前線がその代表例。
（➡3巻12〜13ページ）

閉塞前線 へいそくぜんせん

すすみかたの速い寒冷前線が、おそい温暖前線に追いついたときにできる。地上付近はぶつかりあったつめたい空気だけとなり、その上であたたかい空気が上昇して雲ができ、強い雨や風、かみなりなどをもたらす。

● 天気図と衛星画像 えいせいがぞう（2021年3月13日6時）

▲本州にある低気圧から温暖前線が南東に、寒冷前線が南西にのびている。　（提供：ウェザーマップ）

2章 天気予報にチャレンジ！

27

風の動き（風向と風力）を読む

地表近くの空気は、地面があたためられると上昇し、その場所の気圧はひくくなります。逆に地面が冷やされると、その場所の気圧は高くなります。こうして気圧の高低ができると、空気は気圧の高いところからひくいところへ移動します。これが風です。

日本付近では、夏と冬では風向が大きくかわります。これを季節風といいます。夏の季節風は南の海から大陸にむかってふき、冬の季節風は大陸から海にむかってふきます。

また、風は一日のうちでもかわります。晴れた日の海ぞいでは、昼は海から陸にむかって海風が、夜は陸から海にむかって陸風がふきます。同じように山間では、昼は谷から山へ、夜は山から谷へむかって風がふきます。

このように、風のふいてくる方向や強さは、たえず変化しています。どこからどのような風がふいてくるのかをあらわすのが風向と風力記号です。右ページのように、風向は16方位であらわし、風の強さ（風力）は風速に対応した表によって0〜12の階級であらわします。

季節風

夏の季節風
海から大陸にむかってふく。

冬の季節風
大陸から海にむかってふく。

海陸風

海風
昼は海から陸にむかってふく。

陸風
夜は陸から海にむかってふく。

山谷風

谷風
昼は谷から山へむかってふきあがる。

山風
夜は山から谷へむかってふきおりる。

● 風力階級表

風速に対応した風力を階級であらわした表。まわりのようすから、風力を推測できるようになろう。

● 16方位

風のふいてくる方向を16の方位でしめす。「北の風」は北から南へむかってふく風のことで、英語の頭文字をつかって「N」ともあらわす。

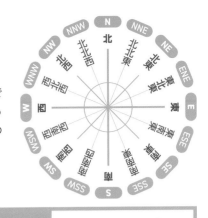

風速（m／秒）

風力0 風速0.0〜0.2 煙がまっすぐにのぼる。 	**風力4** 風速5.5〜7.9 砂ぼこりがたつ。紙がまいあがる。小枝が動く。 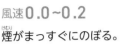	**風力8** 風速17.2〜20.7 小枝がおれる。風にむかって歩けない。 
風力1 風速0.3〜1.5 風向がわかるていどに煙がなびく。	**風力5** 風速8.0〜10.7 葉のあるひくい木がゆれはじめる。池の水面に波がしらがたつ。 	**風力9** 風速20.8〜24.4 かわらがはがれる。人家にわずかの損害がおこる。
風力2 風速1.6〜3.3 顔に風を感じる。木の葉がゆれる。	**風力6** 風速10.8〜13.8 大枝が動く。電線が鳴る。傘をさしにくい。 	**風力10** 風速24.5〜28.4 木が根こそぎたおされる。人家に大損害がおこる。 
風力3 風速3.4〜5.4 木の葉や細い枝がたえず動く。軽い旗が開く。	**風力7** 風速13.9〜17.1 大きな木の全体がゆれる。風にむかって歩きにくい。 	**風力11** 風速28.5〜32.6 めったにおこらない。広い範囲の破壊をともなう。 
		風力12 風速32.7以上 被害がさらに大きくなり、大災害をもたらす。 

天気図から天気を読みとる

天気図のなかには、まがりくねった線がえがかれています。気圧が同じ場所をむすんだ線で、等圧線といいます。線と線のあいだがせまいところは風が強く、広いところは風がおだやかです。高気圧と低気圧の位置、前線の位置、それにこの等圧線の間隔の3つに注目して、天気図を読んでみましょう。気圧のひくいところと高いところがわかり、風向や天気のかわりかたが予想できます。

左下の天気図は、西側に高気圧が、東側に低気圧があり、低気圧から寒冷前線が長くのびています。等圧線の間隔はせまくなっています。西高東低の気圧配置といって、北風が強くふき、日本海側に雪をふらせ、太平洋側に晴れをもたらす日本の冬を代表する天気です。

右下の天気図は、南の海上に高気圧があり、等圧線の間隔は広くなっています。日本に暑さをもたらす夏を代表する天気です。いっぽう、北から低気圧が近づき、寒気（つめたい空気）をはこんできます。大気の状態は不安定になり、山ぞいではかみなりが発生しやすくなります。

冬の天気図（2020年12月31日）

西側に高気圧

等圧線の間隔はせまい（風が強い）

東側に低気圧

高 1048
高 1044
高 1040
低 976
低 944

40°
30°
20°

120° 130° 140° 150°

31日 9時

太平洋側は晴れ

寒冷前線がのびる

シベリアの高気圧からつめたい風がふきだし、日本海で雲をつくり、日本海側の地域に雪をもたらす。等圧線のあいだがせまくて、強い風がふいている。

夏の天気図（2017年8月24日）

北の低気圧（大気は不安定に）

等圧線の間隔は広い（風は弱い）

高
低 992
低 994
高 1012
低
低 1004
高 1012
高

40°
30°
20°

熱低 1008

120° 130° 140° 150°

24日 18時

熱帯低気圧

南の海上に高気圧

太平洋の高気圧が日本列島をおおっている。南の海上には、熱帯低気圧が見られる。熱帯低気圧は台風に成長し、日本にむかうこともある。

（提供：左右ともに日本気象協会）

 **Let's Try!** 天気図を書いてみよう

ラジオのNHK第2放送で、一日に1回午後4時から20分間、気象通報が放送されている。ここから伝えられてくる各地の気象情報をもとに、みなさんも天気図を書くことができる。そして、その天気図をもとに、これからの天気を予想することができる。ぜひ、挑戦してみよう。

天気図はラジオの気象通報を聞いて書くことができる。自分で書いてみると、いろいろなことに気がつくよ。

❶ ラジオの気象通報にしたがい、ここに各地の風向、風力、天気、気圧、気温を書きいれる。

❷ 船舶などの報告
船の位置を書いて、風向、風力、天気、気圧をしるす。

❸ 漁業気象
低気圧、高気圧、前線の位置を書いて、その内容をしるす。

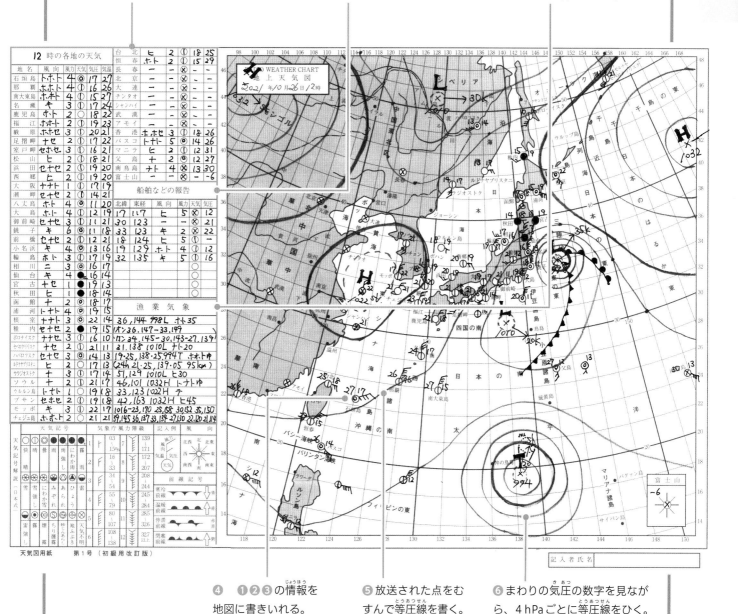

❹ ❶❷❸の情報を地図に書きいれる。

❺ 放送された点をむすんで等圧線を書く。

❻ まわりの気圧の数字を見ながら、4hPaごとに等圧線をひく。

3章

天気予報ができるまで

さまざまな気象観測

　天気を予測するには、現在の気象（気温や気圧、風などのようす）を知ることが必要です。それらを観測するため、気象庁は全国約1300か所に無人の観測システム（アメダス）をおき、自動で降水量や気温、湿度、風、積雪の深さをはかっています。

　また、全国約60か所に気象台や測候所をおいて、気温や気圧、湿度、風、降水量などのほかにも、天気や雲のようすなど、目視による観測をおこなっています。

　高層の天気は、気球にラジオゾンデという観測機器をつけて空にあげ、上空30kmまでの気温、気圧、湿度、風をしらべているほか、ウィンドプロファイラという観測装置で上空12kmまでの風を観測しています。また気象レーダーで、おもにふっている雨や雪の強さを知ることができます。そして、赤道上空約3万5800kmにある気象衛星で宇宙からも雲や水蒸気、海水などを観測しています。

　さらに海上では観測船や漂流ブイで海洋の気象観測をおこなっています。そのほか民間の飛行機や船からも気象データがおくられ、これらはすべて気象庁に集められます。

このほかに海外からもたくさんの気象データがよせられているんだよ。

▲ 静止気象衛星ひまわり8号　日本の上空を2分30秒ごとに撮影し、雲や水蒸気、黄砂、海水、海面温度などを観測している。（2022年からは、ひまわり9号に）

▲ アメダス（地域気象観測システム）　全国約1300か所にあり、おもに降水量を観測。そのほか観測所によってことなるが、風向・風速、気温、湿度、積雪の深さなどを観測している。写真左上は雨量計、右上は風向風速計。

◀ラジオゾンデ　全国16か所で、一日に2回、観測機器をつけた気球を空にあげ、上空30kmまでの気温、気圧、湿度、風を観測している。

▲ウィンドプロファイラ
全国33か所で、地上から上空にむけて電波を発し、最大12kmまでの上空の風を観測している。

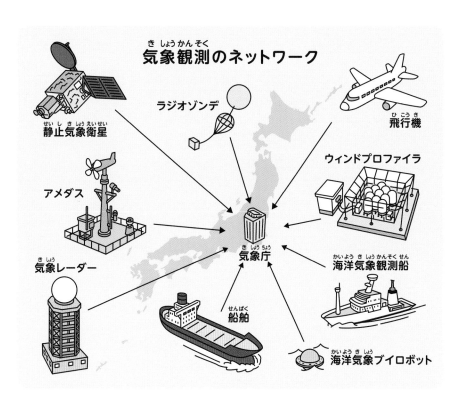

気象観測のネットワーク

静止気象衛星

ラジオゾンデ

飛行機

ウィンドプロファイラ

アメダス

気象レーダー

気象庁

海洋気象観測船

船舶

海洋気象ブイロボット

▲気象レーダー　南は石垣島から北は札幌まで全国20か所で、降水の強さ、上空の風を観測している。

▲漂流型海洋気象ブイロボット
波のようす、海水温、気圧を観測している。

▲海洋気象観測船「啓風丸」　日本周辺の海で、海上の気象観測とともに、海の中の水温や二酸化炭素の量などをしらべている。

▲気象庁　日本全国の各地から、地上、上空、海洋のさまざまな気象情報がおくられてくる。

（32、33ページの写真：気象庁ホームページより）

気象データをもとに天気予報をつくる

　全国各地にめぐらされた気象観測所や観測施設、それに国の機関や地方自治体で観測された気象データは、海外からのデータもふくめて、気象庁に集められます。気象庁では、スーパーコンピューターが、地球全体の表面を細かい格子にくぎり、集められた観測データをもとに、一つひとつの格子の気圧や気温、湿度、風向・風速などを決定します。さらにこの大気の状態が1日後、2日後など、将来にどうかわるかを計算して予測します。これを「数値予報」といいます。

　気象庁の予報官は、観測データや数値予報をもとに、実際の天気を見ながら、天気予報や警報・注意報などを発表します。コンピューターの精度は高くなりましたが、最後に決定するのは、経験をつんだ予報官たちです。

　こうしてつくられた天気予報は、民間の気象会社、テレビやラジオの報道機関、鉄道や航空、船舶の会社、国の防災機関などにおくられます。

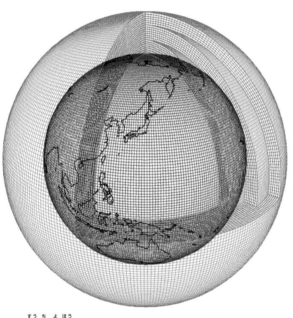

▲ **数値予報の全球モデル**　地球の表面を20km、高さ100層の格子にくぎり、その中の観測データを計算し、天気の変化を予測する。

▲ **スーパーコンピューター**　1秒間に850兆回もの計算をおこない、未来の大気の状態を予測する。

▲ **予報業務にあたる予報官**　気象防災オペレーションルームで。

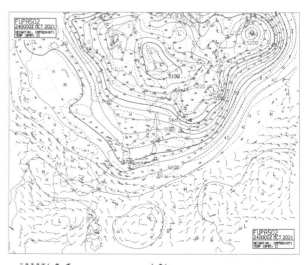

▲ **高層天気図**　上空5500m付近の天気図。気温や風の流れ、気圧の谷などが読みとれる。

　（このページの写真：気象庁ホームページより）

天気のことば 天気予報で用いられることば

　天気予報でよく「一時」や、「ときどき」ということばを耳にすることがありますね。たとえば「くもり一時雨」というとき、雨がどのくらいの時間ふるのでしょう？「くもりときどき雨」とは、どこがちがうのでしょう。こうした

ことばの意味を正確に知っておけば、天気予報をじょうずに利用できるようになります。
　いざというときに発表される注意報や警報、特別警報についても、あわせておぼえておきましょう。

● 時間をあらわす用語

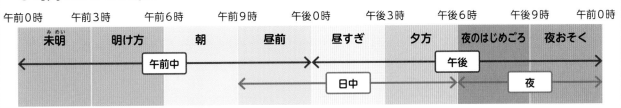

● 時間の経過をあらわす用語

一時	現象が連続しておこり、その期間が予報期間の4分の1未満のとき（予報期間が一日だったら6時間未満）。
ときどき	現象がとぎれとぎれにおこり、その合計時間が予報期間の2分の1未満のとき（予報期間が一日だったら12時間未満）。
はじめのうち	予報期間のはじめの4分の1から3分の1くらいまで（予報期間が一日だったら、はじめの6時間〜8時間）。
のち	予報期間の前と後で現象がことなるとき。

● 降水確率

　ある時間帯に1mm以上の雨または雪がふる確率をあらわす。雨の時間の長さや雨の強さとは無関係。
　「降水確率が40％」とは、同じような天気が100回あったとして、1mm以上の雨がふる確率は、そのうちの40回という意味。

● 特別警報・警報・注意報

　気象庁は大雨や暴風などによっておこる災害をふせぎ、被害を最小限におさえるため、危険度の高まりにおうじて、注意報・警報・特別警報を発表している。

特別警報	数十年に一度の、これまでに経験したことのないような、重大な危険がさしせまっているとき。ただちに身の安全を確保する必要がある。	大雨（土砂災害、浸水害）、暴風、暴風雪、大雪、波浪、高潮
警報	重大な災害がおきるおそれがあるとき。避難に時間のかかる人は、危険な場所から避難をする。	大雨（土砂災害、浸水害）、洪水、暴風、暴風雪、大雪、波浪、高潮
注意報	災害がおきるおそれがあるとき。ハザードマップや避難経路をもう一度確認する。	大雨、洪水、強風、風雪、大雪、波浪、高潮、かみなり、融雪、濃霧、乾燥、なだれ、低温、霜、着氷、着雪

● くもり一時雨
雨が連続して6時間未満ふる。

| 0 | 6 | 12 | 18 | 24時 |

● くもりときどき雨
雨がとぎれとぎれにふる。その合計が12時間未満。

| 0 | 6 | 12 | 18 | 24時 |

● はじめのうち雨
はじめの6時間〜8時間が雨。

| 0 | 6 | 12 | 18 | 24時 |

● くもりのち雨
前半12時間前後がくもり。

| 0 | 6 | 12 | 18 | 24時 |

予報期間が一日のとき。

民間気象会社の仕事

　民間気象会社は、気象庁長官から天気予報をおこなう許可をうけて、気象情報サービスをおこなう会社で、現在、約80の会社があります。各社の気象予報士は、気象業務支援センターを通じて気象庁からおくられてきた気象観測データや天気予報をおこなうために必要なデータをもとに、さまざまな角度から分析し天気予報をおこなっています。こうした民間気象会社のひとつ、ウェザーマップを取材してみました。

各地の天気を知りつくしたキャスターが、全国の放送局の天気番組に出演しています。

気象予報士たちが集まり、台風・大雨のふりかえりや季節のトピックスについて、議論をしています。

放送局の天気予報番組や講演など

　ウェザーマップは、気象キャスターの森田正光さんが1992年におこした会社で、おもに放送局やインターネットメディアにむけた気象解説、企業にむけた気象情報の提供をおこなっています。150人以上の気象予報士が所属。全国の放送局で気象キャスターをつとめるほか、原稿を作成するなど天気予報番組のサポートをおこなっています。気象予報士がみずから地域の方がたにお話を聞いたり、ときには被災地に取材に行ったりすることもあります。

　そのほか、異常気象や環境問題、気象災害などに関する講演会やトークショー、学校への出前授業や実験イベントなどもおこなって

学校の出前授業にも出かけます。ペットボトルで雲をつくる実験やお天気キャスター体験などは人気です。

気象予報士になりたい人のために、講座を開いています。毎年30人くらいが試験に合格しています。

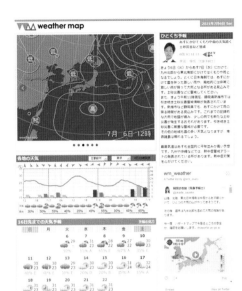

https://forecast.weathermap.jp

インターネットの天気予報は見やすくて、とてもわかりやすいと、評判です。

います。

　また、定期的に気象予報士の研修会や勉強会をおこない、予報や解説技術の向上につとめています。あわせて、気象予報士をめざそうとしている人たちのために、資格取得講座をもうけています。

インターネットメディアにむけて

　ウェザーマップでは、ホームページでも天気予報を発信。毎日何度も最新データをもとに、天気予報を更新しています。「ひとくち予報」では、天気のポイントを伝え、各地の天気予報のほか、16日先までの天気予報、天気図、衛星画像、降水マップ、雲画像などをのせています。

「ガリ天」は夏のあいだ発表し、さまざまな視点から天気予報をしています。

その下には「気象人」「さくら開花前線」「ガリ天」などのサイトがあります。「気象人」では、気象ダイアリーで過去の天気図や衛星画像などもさかのぼって見ることができ、夏休みの自由研究にもつかえそうです。「ガリ天」は、各地の気温や湿度をもとに、アイスキャンデーの「ガリガリ君」を一日にいくつ食べたくなるかを予想するサイトで、企業の商品とタイアップして指数を開発しました。

企業にむけた気象情報の提供

　屋外でおこなうスポーツやコンサートなどのイベント会場へは、開催すべきかどうか判断するため、場所や時間をしぼったきめ細やかな気象情報を提供しています。またスーパーマーケットなどの流通業へは、天気によって売れすじがかわる商品を提案します。気象情報は、ほかにも工事現場や農業などさまざまな業種で、作業をおこなうべきかどうかの判断に役だてられています。

　「気象災害から人びとの生命や財産を守るために、日夜、気象データの解析やシステムの開発に力をつくしています」と、担当者は話してくれました。

ウェザーマップ　ピンポイント予報
■7月5日(水)「〇〇〇イベント会場」の気象情報
予報発表日時　7月4日15時　　　　担当気象予報士

日	時	天気	気温	降水確率	降水量	風向風速	備考(雷、突風、川の増水等)
5日	1時	雨		85%	3mm	北北西 2m/s	
	2時	雨	21℃	70%	3mm	北 3m/s	
	3時	雨	21℃	55%	0mm	北 3m/s	
	4時	曇り	21℃	45%	0mm	北西 1m/s	雨の可能性あり
	5時	曇り	21℃	45%	0mm	西 1m/s	雨の可能性あり
	6時	曇り	21℃	45%	0mm	西 1m/s	雨の可能性あり
	7時	雨	24℃	55%	4mm	南南西 5m/s	発雷確率10%
	8時	雨	27℃	70%	4mm	南南西 5m/s	発雷確率16%
	9時	雨	28℃	90%	4mm	南南西 7m/s	発雷確率22%
	10時	雨風共に強い	30℃	95%	10mm	南西 10m/s	発雷確率26%
	11時	雨風共に強い	31℃	95%	10mm	南西 12m/s	発雷確率38%
	12時	雨風共に強い	31℃	95%	15mm	南西 12m/s	発雷確率42%
	13時	大雨	32℃	90%	10mm	北西 5m/s	発雷確率33%
	14時	雨	31℃	80%	5mm	南南西 3m/s	発雷確率25%
	15時	雨	30℃	70%	3mm	南西 3m/s	発雷確率18%
	16時	雨	30℃	70%	3mm	南西 3m/s	発雷確率18%
	17時	雨	29℃	65%	3mm	南南西 2m/s	発雷確率14%
	18時	雨	27℃	65%	3mm	南西 3m/s	発雷確率12%
	19時	雨	25℃	60%	2mm	南南西 3m/s	発雷確率4%
	20時	雨	22℃	55%	2mm	北西 2m/s	
	21時	雨	22℃	50%		北 2m/s	
	22時	曇り	22℃	45%	0mm	西南西 1m/s	雨の可能性あり
	23時	曇り	21℃	40%	0mm	南西 1m/s	雨の可能性あり
	24時	曇り	21℃	40%	0mm	静穏	雨の可能性あり

【天気概況】
梅雨前線の影響で、5日は雨の降る時間が長くなる見込みです。
朝の内はいったん止みますが、午前7時頃からは再び雨が降り出すでしょう。
午前10時ごろからは降り方が強くなり、午後1時頃にかけては、雷を伴って、1時間に10ミリ以上の強い降り方になるでしょう。また、南寄りの風が10メートルを超え、瞬間的に20メートル程度の突風も予想されるため、少なくともこの時間帯のイベント開催は避けた方がいいでしょう。
午後3時以降も雨ですが、止んでいる時間もあって、傘でしのげる程度の雨となりそうです。

株式会社ウェザーマップ
http://www.weathermap.co.jp/
TEL03-3224-1785
FAX03-3224-1786

天気によって何が売れるかを予測したり、イベントを開くかどうかを判断したりするためのピンポイントの気象情報を作成し提供しています。

気象予報士ってどんな仕事？

─気象予報士の菊池真以さんに聞く

気象予報士は天気の予報をおこなう人のことで、気象予報士になるには国家資格が必要です。現在、約1万人の気象予報士が登録されています。そのなかのひとり、気象予報士でキャスターでもある菊池真以さんに、お話をうかがってみました。

── どんな仕事をしていますか？

天気を予想して、テレビやインターネットなどで伝える仕事です。気象庁から出される気象情報や天気図、衛星画像、コンピューターの予想などをもとに、この先の天気を予想します。たった数分の天気予報のために、少なくても1時間以上は時間をかけて予想をしていきます。経験もたいせつで、先輩の気象予報士と相談しながら決めることもあります。予想ができたら、見ている人にわかりやすく伝えるために、どんな順番で、何を話すかを決めながら、原稿を書いていきます。番組によっては、アナウンサーやディレクターと打ちあわせをすることもあります。放送では、最新の天気の情報を時間内でしっかりと伝えられるように心がけています。

── どうやったらなれるのですか？

気象予報士になるには、国家試験をうけなければなりません。気象予報士の試験は毎年2回おこなわれます。学科試験が2つと、実技試験が1つあり、合格率は5%ほどの難関です。でも、学歴や年齢など関係なく、だれでもうけることができます。これまでには、小学生で合格した人もいますよ。私は、大学1年生のときに勉強を始めて、試験を5回ほどうけて、大学4年生のときに合格しました。おもに、気象予報士試験のための参考書で勉強をしました。気象会社がおこなっている講座に通ったり、通信講座をうけたりするのもよいと思います。

── なぜ気象予報士をめざしたのですか？

気象キャスターは、アナウンサーやタレントでもなることができます。私は学生のとき、気象予報士の資格をもたずに、タレントとして気象キャスターをしていました。でも、天気を予想することができるのは気象予報士だけです。そのころは、気象予報士が予想をして書いた原稿を読んでいました。仕事をしていくうちに、しだいに自分で予想をして、自分のことばで伝えたいと思うようになり、本格的に気象予報士をめざすことにしました。

▲ほかの気象予報士と打ちあわせ。どのように予想したか、おたがいに確認する。

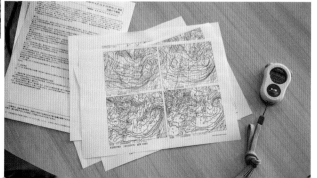

▶気象庁からおくられてきた天気図などの資料。右にあるのはストップウォッチ。何を何秒話すのか、番組によって決めていくので必需品。

▲本番前、ぎりぎりまで最新のデータを確認する。

—— 仕事でたいへんなことは？

まず、天気に休みはありません。そのため、朝早くや夜おそくに仕事をすることがあります。下の表が、朝のテレビの番組をしていたときのスケジュールです。起床は午前３時。まだ暗い時間におきて、空のようすを確認することから一日が始まります。月や町の明かりをたよりに雲の変化を見ていました。もっと早い時間に始まる天気番組のときは、深夜におきなくてはなりません。逆に夜おそい番組のときは、つぎの朝、明るくなってから、眠ることもあります。

ほかにたいへんなことは、天気はいつも変化するということです。番組の準備をしているとちゅうで、状況や予想がかわってしまうことがあるのです。そのようなときは、原稿や内容が決まったあとでも、たとえ本番中でも、かならず新しい情報にかえます。新しい状況にあわせて一つひとつ、きちんと対応していくことが必要です。急に内容がかわるとたいへんですが、新しい情報はとてもたいせつです。

●朝の番組のスケジュール

午前３時	起床
午前３時45分	放送局に着く
午前３時50分	天気を予想する
午前５時	番組の準備（天気予報の画面を決める、原稿を書く）
午前５時30分	衣装に着がえる。メイクをする
午前６時	アナウンサーと打ちあわせ
午前６時30分	最新の予報をもう一度確認
午前６時45分	朝の番組①本番
午前７時00分	つぎの番組の準備
午前７時45分	朝の番組②本番
午前８時00分	反省会
午前８時30分	休憩（朝食）
午前９時30分	取材など
午前10時30分	昼の番組の準備
午前11時00分	打ちあわせ、リハーサル
午前11時30分	昼の番組・本番
午後12時00分	反省会
午後12時45分	終了

—— ふだん日課にしていることは？

朝おきてすぐ、空のようすを見ます。前の日に、自分が予想した天気があたっているかどうかを確認するようにしています。予想がはずれてしまったときは、なぜちがったのかを追究することがたいせつです。休みの日も天気図を確認したり、気象のデータを見たりしています。ゆっくりはできませんが、毎日のように天気のことを考えるのは楽しいですよ。

それから、世の中の人がどんなことを気にしているのか、いつも耳をかたむけています。たとえば、雨がつづ

いていたら、洗濯物がたまってしまいますね。そういうときは、つぎはいつ晴れるのかという情報がたいせつになります。どんな天気の情報が役だつのかを気にしながら、まわりの人の話を聞くようにしています。

—— この仕事のやりがいは？

天気予報のいちばんの役割は、防災だと私は思っています。大雨や台風などで災害がおこりそうなとき、危険な地域はどこか、いつごろから雨や風が強まるのか、必要な情報をいかにわかりやすくとどけるかが重要です。これはとてもむずかしいことですが、きちんと天気を予想する立場として、がんばって伝えていかなければと感じています。いっぽうで、おだやかな天気の日には、天気や空の楽しさを番組で伝えることもあります。「それで、天気に興味をもちました」と、視聴者の方から反応があるととてもうれしいです。

—— どんな子どもでしたか？

いろいろなことに興味をもっていました。将来の夢は何か聞かれると、学校の先生だったり、本を書く人だったりと、いくつも答えがありました。ひとつに決められなかったぶん、さまざまなことに興味をもてたのはよかったと思います。大学は法学部政治学科で、気象を学ぶところではありませんでした。でも、気象はさまざまな分野と関係があるので役だつこともたくさんあります。最初は役だたないように思えることでも、将来、自分の強みになることもあるので、今のうちにすきなことをたくさん見つけておくのはよいことだと思います。

—— 読者にメッセージを

私は気象キャスターという仕事をしてきましたが、気象予報士の仕事はほかにもたくさんあります。航空会社につとめて、空高くの天気を予想する人もいます。また、天気や気温によってどんな商品が売れるのかを研究している人もいます。高速道路や船の航路の天気だけを予想するスペシャリストもいます。このように気象予報士の仕事はさまざまです。ぜひ、ほかの気象予報士の仕事もしらべてみてください。

▲空のようすに変化がないか、いつも見ている。

気象観測と天気図の歴史

温度計と気圧計の発明

気温をはかる温度計のもとは、17世紀はじめごろ、イタリアの物理学者ガリレオ・ガリレイによって発明されました。つづいて1643年、イタリアの物理学者トリチェリにより水銀気圧計が発明されました。気圧がさがると暴風雨になることがわかり、この気圧計は世界中でつかわれました。

18世紀にはドイツの物理学者ファーレンハイトやスウェーデンの天文学者セルシウスにより、温度計の目もりが決められ、温度計の改良がすすめられました。こうした観測機器の発明・開発により、気温や気圧、風などがはかれるようになりました。

天気図のはじまり

世界で最初の天気図は、1820年、ドイツの天文学者ブランデスによってつくられました。1783年3月6日にヨーロッパをおそった嵐の調査をしようと、各地の研究者に手紙を出して、その日の観測資料をおくってもらい、それをもとに天気図をつくったのです。

定期的に天気図がつくられるようになったのは、19世紀なかばになってからです。クリミア戦争が始まり、黒海に進駐していたフランスの軍艦が、1854年に暴風にあって沈没すると、フランス政府はパリ天文台長のルベリエに調査を命じました。ルベリエは低気圧により暴風雨がおこったことをつきとめ、定期的に天気図をつくって低気圧の進路を追いかけるよう提案しました。これをうけて政府は各地から気象データを取りよせ、1863年から天気図をつくるようになりました。

日本で気象観測を開始

日本では1875年6月1日、イギリス人ジョイネルらの指導により東京気象台が設立され、一日3回の気象観測が始められました。そして1883年、ドイツ人のクニッピングが全国22か所の測候所から観測データを集め、

▲ **明治時代初期の気象台** 東京気象台は、1887年に中央気象台と改称された。（気象庁ホームページより、右の天気図も）

▲ **日本で最初に印刷された天気図** 1883年3月1日。各地の天気、気温、気圧のほか、高気圧や低気圧がしるされている。

日本最初の天気図をつくりました。

　1884年には一日3回、天気図をつくり天気予報が出されました。その最初の予報は「全国一般風の向きは定まりなし。天気はかわりやすし。ただし雨天がち」というかんたんなものでした。

富士山の頂上で気象観測を

　当時の気象観測は、ほとんど地上でおこなわれていましたが、高層での観測も必要とされ、1889年以降、夏のあいだだけ富士山頂で観測がおこなわれました。このころ気象学を学び、富士山での通年観測が必要だと考えた野中到は、「高層の気象と地上の気象は密接につながっている。みずから富士山頂に観測小屋をたて、観測機材をもちこんで、通年の観測をこころみたい」と決意し、観測小屋の建設に取りかかりました。そして、1895年10月1日から観測を開始します。とちゅうから妻の千代子もくわわり、一日12回の観測をつづけましたが、きびしい寒さと強風

▲富士山頂におかれた測候所とレーダー　1999年に撮影。

▲山梨県富士吉田市の富士山レーダードーム館　富士山頂に設置されていた気象レーダーはここに移され、山頂での観測のようすなどが展示されている。

のなか、ふたりは病にたおれ、12月22日に下山しました。

　その約40年後の1932年、野中夫妻が願っていた観測所が富士山にでき、以後、通年観測がつづけられました。そして1964年、富士山頂に気象レーダーが完成。周囲800kmまで観測できるようになり、台風の観測などに力を発揮しました。やがて静止気象衛星「ひまわり」をはじめ、観測機材の進歩にともない、2004年、富士山頂での有人観測は終わりました。

◀野中到・千代子夫妻
ふたりの挑戦は、小説や映画、テレビのドキュメンタリー番組などで取りあげられ、広く知られることになった。
（提供：野中到・千代子資料館）

▶ひまわり1号　1977年に打ちあげられ、翌1978年から観測を開始した。
（気象庁ホームページより）

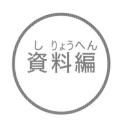

資料編

ここには日本各地の月ごとの気温をのせています。各地の最高気温と最低気温が、月によってどのくらいかわるか、地域によってその差が大きいか小さいかなどをくらべることができます。それから、各地のこれまでの最高気温の記録と最低気温の記録ものせました。それらの記録がいつごろに集中しているかがわかるでしょう。また、暑い日（猛暑日、真夏日、夏日）や寒い日（冬日、真冬日）がどのくらいあるかもしらべることができます。なお、猛暑日ということばは2007年からつかわれるようになりました。

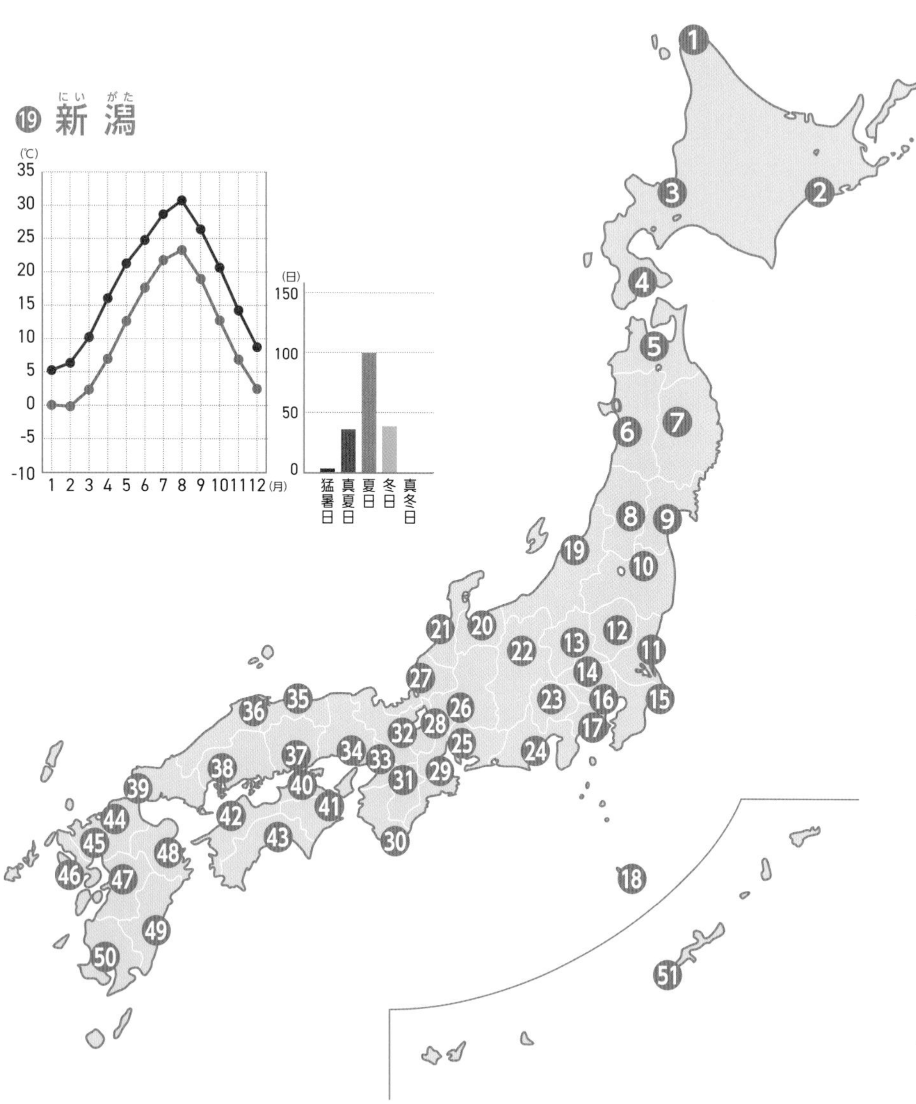

注：地図中の○つき数字は、43～45ページの表中の「地点」をしめしています。

⑲ 新潟

① 稚内

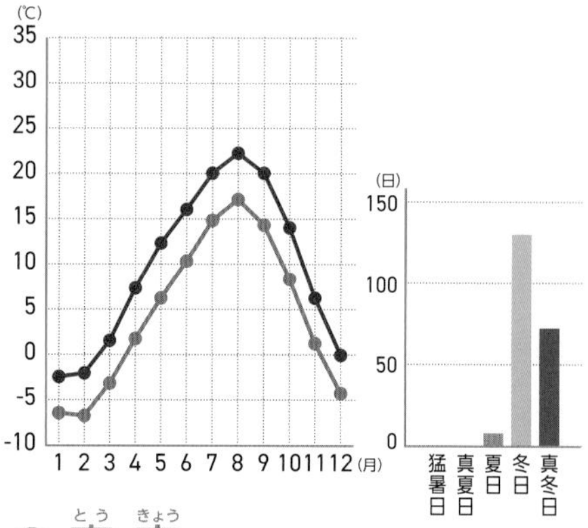

⑯ 東京

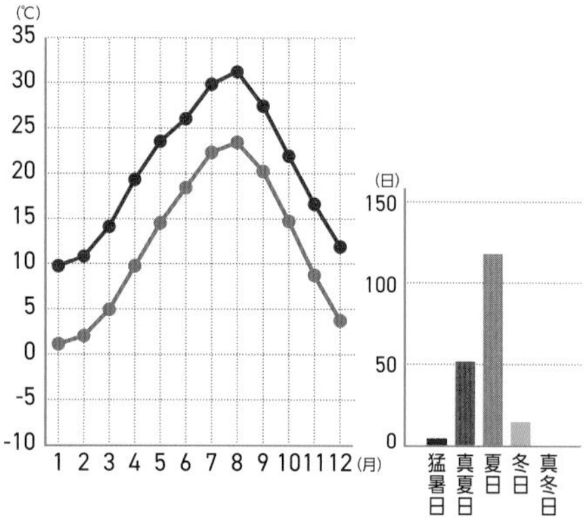

(51) 那覇

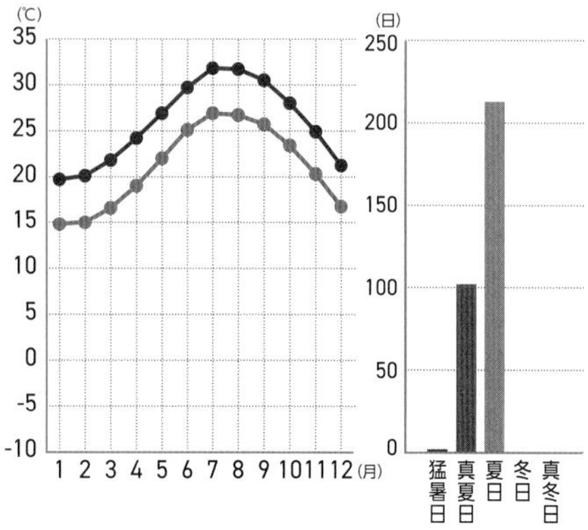

㊻ 長崎

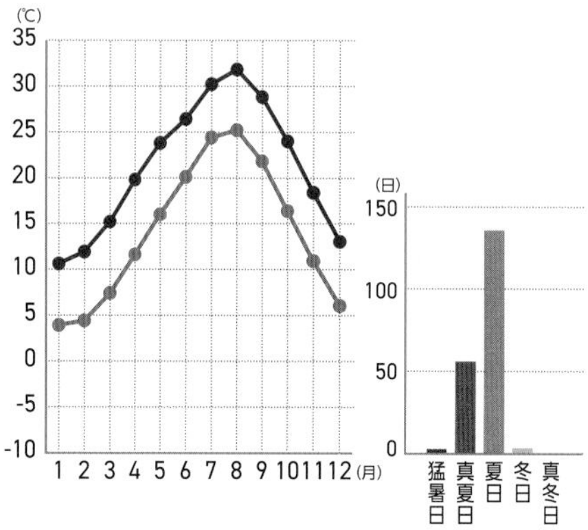

㊳ 広島

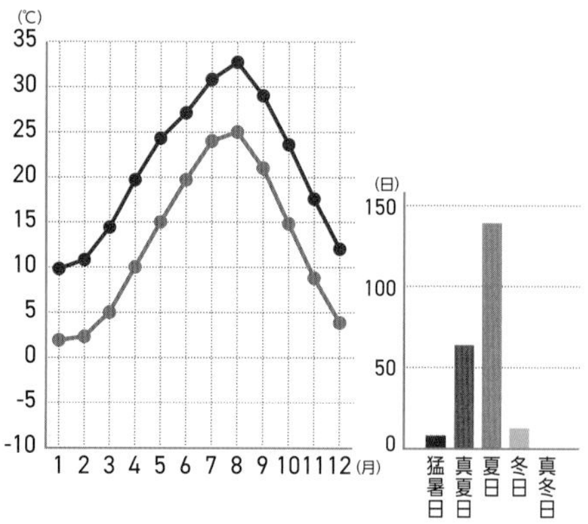

日最高気温の月別平年値 （1991 ～ 2020 年の平均値）単位℃

No.	地 点	1月	2月	3月	4月	5月	6月	7月	8月	9月	10月	11月	12月	年平均
1	稚内 （わっかない）	-2.4	-2.0	1.6	7.4	12.4	16.1	20.1	22.3	20.1	14.1	6.3	0.0	9.7
2	釧路 （くしろ）	-0.2	-0.1	3.3	8.0	12.6	15.8	19.6	21.5	20.1	15.1	8.9	2.5	10.6
3	札幌 （さっぽろ）	-0.4	0.4	4.5	11.7	17.9	21.8	25.4	26.4	22.8	16.4	8.7	2.0	13.1
4	函館 （はこだて）	0.9	1.8	5.8	12.0	17.0	20.4	24.1	25.9	23.2	17.1	10.0	3.2	13.5
5	青森 （あおもり）	1.8	2.7	6.8	13.7	18.8	22.1	26.0	27.8	24.5	18.3	11.2	4.5	14.9
6	秋田 （あきた）	3.1	4.0	7.9	14.0	19.6	23.7	27.1	29.2	25.4	19.0	12.2	5.9	15.9
7	盛岡 （もりおか）	2.0	3.2	7.5	14.4	20.3	24.1	27.1	28.4	24.3	17.9	10.9	4.5	15.4
8	山形 （やまがた）	3.3	4.4	9.1	16.4	22.6	25.9	29.1	30.5	25.8	19.5	12.6	6.1	17.1
9	仙台 （せんだい）	5.6	6.5	10.0	15.5	20.2	23.1	26.6	28.2	25.0	19.8	14.1	8.3	16.9
10	福島 （ふくしま）	5.8	7.1	11.2	17.7	23.1	25.9	29.1	30.5	26.2	20.5	14.5	8.6	18.3
11	水戸 （みと）	9.2	9.8	13.0	17.8	22.0	24.5	28.5	30.0	26.4	21.2	16.3	11.4	19.2
12	宇都宮 （うつのみや）	8.6	9.7	13.4	18.8	23.3	25.9	29.5	30.9	27.0	21.4	15.9	10.8	19.6
13	前橋 （まえばし）	9.1	10.0	13.5	19.3	24.2	26.8	30.5	31.7	27.3	21.7	16.4	11.5	20.2
14	熊谷 （くまがや）	9.8	10.8	14.3	19.9	24.6	27.1	30.9	32.3	27.9	22.1	16.8	12.0	20.7
15	銚子 （ちょうし）	10.1	10.3	12.8	17.0	20.5	23.0	26.6	28.6	25.9	21.5	17.3	12.7	18.9
16	東京 （とうきょう）	9.8	10.9	14.2	19.4	23.6	26.1	29.9	31.3	27.5	22.0	16.7	12.0	20.3
17	横浜 （よこはま）	10.2	10.8	14.0	18.9	23.1	25.5	29.4	31.0	27.3	22.0	17.1	12.5	20.2
18	八丈島 （はちじょうじま）	12.9	13.5	15.8	18.9	21.8	24.1	27.7	29.6	27.6	23.8	20.0	15.6	20.9
19	新潟 （にいがた）	5.3	6.4	10.3	16.1	21.3	24.8	28.7	30.8	26.4	20.7	14.3	8.7	17.8
20	富山 （とやま）	6.3	7.4	11.8	17.6	22.7	25.7	29.8	31.4	27.0	21.6	15.7	9.5	18.9
21	金沢 （かなざわ）	7.1	7.8	11.6	17.3	22.3	25.6	29.5	31.3	27.2	21.8	15.9	10.2	19.0
22	長野 （ながの）	3.8	5.3	10.3	17.4	23.2	26.1	29.7	31.1	26.2	19.7	13.4	6.9	17.8
23	甲府 （こうふ）	9.1	10.9	15.0	20.7	25.3	27.8	31.6	33.0	28.6	22.5	16.7	11.4	21.0
24	静岡 （しずおか）	11.7	12.6	15.5	19.8	23.5	26.1	29.9	31.3	28.4	23.6	18.8	14.1	21.3
25	名古屋 （なごや）	9.3	10.5	14.5	20.1	24.6	27.6	31.4	33.2	29.1	23.3	17.3	11.7	21.1
26	岐阜 （ぎふ）	9.1	10.3	14.2	20.0	24.7	27.8	31.6	33.4	29.2	23.6	17.5	11.6	21.1
27	福井 （ふくい）	6.7	7.8	12.2	18.3	23.3	26.5	30.4	32.2	27.7	22.1	16.0	9.8	19.4
28	彦根 （ひこね）	7.1	7.7	11.6	17.4	22.6	26.0	30.2	32.1	27.6	21.8	15.6	9.9	19.1
29	津 （つ）	9.5	10.0	13.4	18.6	23.1	26.2	30.4	31.6	28.0	22.6	17.1	12.0	20.2
30	潮岬 （しおのみさき）	11.4	12.4	15.2	18.8	22.5	24.7	28.2	29.8	27.6	23.2	18.7	13.8	20.5
31	奈良 （なら）	9.0	10.0	14.0	20.0	24.7	27.4	31.3	33.0	28.5	22.6	16.8	11.4	20.7
32	京都 （きょうと）	9.1	10.0	14.1	20.1	25.1	28.1	32.0	33.7	29.2	23.4	17.3	11.6	21.1
33	大阪 （おおさか）	9.7	10.5	14.2	19.9	24.9	28.0	31.8	33.7	29.5	23.7	17.8	12.3	21.3
34	神戸 （こうべ）	9.4	10.1	13.5	18.9	23.6	26.7	30.4	32.2	28.8	23.2	17.5	12.0	20.5
35	鳥取 （とっとり）	8.1	9.1	13.1	18.9	23.8	26.9	30.9	32.6	27.8	22.4	16.8	10.9	20.1
36	松江 （まつえ）	8.3	9.4	13.1	18.5	23.2	26.2	29.8	31.6	27.1	22.0	16.5	10.9	19.7
37	岡山 （おかやま）	9.6	10.5	14.6	19.8	24.8	27.6	31.8	33.3	29.1	23.4	17.1	11.7	21.1
38	広島 （ひろしま）	9.9	10.9	14.5	19.8	24.4	27.2	30.9	32.8	29.1	23.7	17.7	12.1	21.1
39	下関 （しものせき）	9.7	10.5	13.7	18.4	22.7	25.8	29.7	31.3	27.8	23.0	17.5	12.3	20.2
40	高松 （たかまつ）	9.7	10.5	14.1	19.8	24.8	27.5	31.7	33.0	28.8	23.2	17.5	12.1	21.1
41	徳島 （とくしま）	10.0	10.8	14.3	19.6	24.0	26.8	30.6	32.3	28.5	23.1	17.7	12.5	20.9
42	松山 （まつやま）	10.2	11.0	14.4	19.6	24.2	27.0	31.2	32.6	29.1	23.8	18.1	12.6	21.1
43	高知 （こうち）	12.2	13.2	16.3	20.9	24.8	27.1	30.8	32.1	29.5	25.0	19.6	14.4	22.2
44	福岡 （ふくおか）	10.2	11.6	15.0	19.9	24.4	27.2	31.2	32.5	28.6	23.7	18.2	12.6	21.3
45	佐賀 （さが）	10.1	11.8	15.2	20.7	25.6	28.0	31.6	32.9	29.4	24.3	18.2	12.4	21.7
46	長崎 （ながさき）	10.7	12.0	15.3	19.9	23.9	26.5	30.3	31.9	28.9	24.1	18.5	13.1	21.2
47	熊本 （くまもと）	10.7	12.4	16.1	21.4	26.0	28.1	31.8	33.3	30.1	25.0	18.8	12.9	22.2
48	大分 （おおいた）	10.7	11.5	14.6	19.7	24.1	26.5	30.9	32.2	28.2	23.3	18.1	13.0	21.1
49	宮崎 （みやざき）	13.0	14.1	17.0	21.1	24.6	26.7	31.3	31.6	28.5	24.7	19.8	15.0	22.3
50	鹿児島 （かごしま）	13.1	14.6	17.5	21.8	25.5	27.5	31.9	32.7	30.2	25.8	20.6	15.3	23.1
51	那覇 （なは）	19.8	20.2	21.9	24.3	27.0	29.8	31.9	31.8	30.6	28.1	25.0	21.5	26.0

（気象庁ホームページより）

日最低気温の月別平年値 （1991 ～ 2020 年の平均値）単位℃

No.	地 点	1月	2月	3月	4月	5月	6月	7月	8月	9月	10月	11月	12月	年平均
1	稚内（わっかない）	-6.4	-6.7	-3.1	1.8	6.3	10.4	14.9	17.2	14.4	8.4	1.3	-4.2	4.5
2	釧路（くしろ）	-9.8	-9.4	-4.2	0.7	5.4	9.5	13.6	15.7	12.9	6.1	-0.3	-7.0	2.8
3	札幌（さっぽろ）	-6.4	-6.2	-2.4	3.4	9.0	13.4	17.9	19.1	14.8	8.0	1.6	-4.0	5.7
4	函館（はこだて）	-6.0	-5.7	-2.2	2.8	8.0	12.6	17.3	18.9	14.6	7.8	1.8	-3.6	5.5
5	青森（あおもり）	-3.5	-3.3	-0.8	4.1	9.4	14.1	18.6	20.0	15.8	9.1	3.4	-1.4	7.1
6	秋田（あきた）	-2.1	-2.1	0.4	5.2	11.1	16.0	20.4	21.6	17.1	10.4	4.5	0.0	8.5
7	盛岡（もりおか）	-5.2	-4.8	-1.8	3.2	9.1	14.2	18.8	19.8	15.2	7.9	1.8	-2.5	6.3
8	山形（やまがた）	-3.1	-3.1	-0.3	4.7	10.7	15.7	20.0	20.9	16.6	9.8	3.6	-0.7	7.9
9	仙台（せんだい）	-1.3	-1.1	1.4	6.3	11.7	16.1	20.2	21.6	18.0	11.9	5.6	0.9	9.3
10	福島（ふくしま）	-1.5	-1.2	1.3	6.4	12.1	16.6	20.8	21.9	18.0	11.7	5.2	0.7	9.3
11	水戸（みと）	-1.8	-1.2	2.1	7.0	12.5	17.0	21.0	22.2	18.6	12.5	5.9	0.5	9.7
12	宇都宮（うつのみや）	-2.2	-1.3	2.1	7.4	13.0	17.4	21.4	22.5	18.8	12.6	5.7	0.2	9.8
13	前橋（まえばし）	-0.5	0.0	3.1	8.2	13.6	18.0	22.0	23.0	19.3	13.2	6.9	1.9	10.7
14	熊谷（くまがや）	-0.4	0.3	3.6	8.6	13.9	18.3	22.3	23.3	19.7	13.7	7.2	1.8	11.0
15	銚子（ちょうし）	2.9	3.3	6.4	10.7	14.8	17.9	21.2	23.3	21.3	16.8	11.1	5.7	13.0
16	東京（とうきょう）	1.2	2.1	5.0	9.8	14.6	18.5	22.4	23.5	20.3	14.8	8.8	3.8	12.1
17	横浜（よこはま）	2.7	3.1	6.0	10.7	15.5	19.1	22.9	24.3	21.0	15.7	10.1	5.2	13.0
18	八丈島（はちじょうじま）	7.6	7.5	9.3	12.9	16.2	19.4	23.3	24.3	22.3	18.7	14.2	9.9	15.5
19	新潟（にいがた）	0.1	-0.1	2.4	7.0	12.7	17.7	21.8	23.3	19.0	12.8	6.9	2.4	10.5
20	富山（とやま）	0.2	0.1	2.6	7.4	12.9	17.7	22.1	23.2	19.1	13.1	7.3	2.5	10.7
21	金沢（かなざわ）	1.2	1.0	3.4	8.2	13.6	18.4	22.9	24.1	19.9	13.9	8.1	3.5	11.5
22	長野（ながの）	-3.9	-3.7	-0.5	4.9	10.9	16.1	20.5	21.5	17.2	10.3	3.4	-1.5	7.9
23	甲府（こうふ）	-2.1	-0.7	3.1	8.4	13.7	18.3	22.3	23.3	19.4	13.0	5.9	0.3	10.4
24	静岡（しずおか）	2.1	2.9	6.0	10.6	15.1	19.2	23.1	24.2	21.1	15.6	9.9	4.6	12.9
25	名古屋（なごや）	1.1	1.4	4.6	9.7	14.9	19.4	23.5	24.7	21.0	14.8	8.6	3.4	12.3
26	岐阜（ぎふ）	0.7	1.2	4.2	9.4	14.6	19.3	23.5	24.6	20.8	14.5	8.1	3.0	12.0
27	福井（ふくい）	0.5	0.3	2.8	7.8	13.4	18.2	22.7	23.7	19.4	13.1	7.3	2.7	11.0
28	彦根（ひこね）	1.0	1.0	3.5	8.1	13.5	18.4	22.9	24.1	20.2	14.0	8.0	3.2	11.5
29	津（つ）	2.4	2.4	5.2	10.2	15.4	19.7	24.0	25.0	21.4	15.5	9.5	4.6	12.9
30	潮岬（しおのみさき）	5.2	5.3	8.2	12.3	16.6	19.9	23.8	24.8	22.1	17.7	12.4	7.5	14.6
31	奈良（なら）	0.1	0.1	2.7	7.7	13.0	17.9	22.2	23.0	19.1	12.8	6.8	2.2	10.6
32	京都（きょうと）	1.5	1.6	4.3	9.2	14.5	19.2	23.6	24.7	20.7	14.4	8.4	3.5	12.1
33	大阪（おおさか）	3.0	3.2	6.0	10.9	16.0	20.3	24.6	25.8	21.9	16.0	10.2	5.3	13.6
34	神戸（こうべ）	3.1	3.4	6.3	11.4	16.5	20.6	24.7	26.1	22.6	16.7	10.9	5.7	14.0
35	鳥取（とっとり）	1.1	1.0	3.1	7.6	12.9	17.9	22.5	23.3	19.0	12.9	7.7	3.2	11.0
36	松江（まつえ）	1.5	1.3	3.6	8.2	13.5	18.2	22.8	23.8	19.6	13.4	8.0	3.6	11.4
37	岡山（おかやま）	0.1	0.5	3.5	8.5	14.8	18.7	23.3	24.6	20.0	13.4	6.8	2.1	11.4
38	広島（ひろしま）	2.0	2.4	5.1	10.1	15.1	19.8	24.1	25.1	21.1	14.9	8.9	4.0	12.7
39	下関（しものせき）	4.8	4.9	7.4	11.6	16.2	20.1	24.2	25.6	22.2	16.9	11.8	7.0	14.4
40	高松（たかまつ）	2.1	2.2	5.0	9.9	15.1	19.8	24.1	25.1	21.2	15.1	9.1	4.3	12.8
41	徳島（とくしま）	2.9	3.1	5.8	10.6	15.6	19.8	23.9	24.9	21.6	15.9	10.1	5.2	13.3
42	松山（まつやま）	2.6	2.8	5.6	10.3	15.0	19.4	23.8	24.6	21.0	15.1	9.6	4.8	12.9
43	高知（こうち）	2.1	3.1	6.4	10.9	15.5	19.7	23.9	24.5	21.4	15.6	9.7	4.2	13.1
44	福岡（ふくおか）	3.9	4.4	7.2	11.5	16.1	20.3	24.6	25.4	21.6	16.0	10.6	5.8	14.0
45	佐賀（さが）	1.8	2.6	5.7	10.2	15.2	19.9	24.0	24.6	20.7	14.7	8.9	3.6	12.7
46	長崎（ながさき）	4.0	4.5	7.5	11.7	16.1	20.2	24.5	25.3	21.9	16.5	11.0	6.0	14.1
47	熊本（くまもと）	1.6	2.6	5.9	10.6	15.6	20.2	24.2	24.8	21.2	14.9	8.8	3.4	12.8
48	大分（おおいた）	2.6	3.0	5.9	10.3	15.0	19.3	23.5	24.3	20.9	15.2	9.5	4.6	12.8
49	宮崎（みやざき）	3.0	4.0	7.4	11.7	16.3	20.1	24.1	24.5	21.4	15.8	10.1	5.0	13.6
50	鹿児島（かごしま）	4.9	5.8	8.7	12.9	17.3	21.3	25.3	26.0	23.2	18.0	12.2	6.9	15.2
51	那覇（なは）	14.9	15.1	16.7	19.1	22.1	25.2	27.0	26.8	25.8	23.5	20.4	16.8	21.1

気温の最高および最低記録 （2021年8月まで）単位℃

寒暖日数 （1991～2020年の平均値）

No.	地 点	最高	年月日	最低	年月日	猛暑日	真夏日	夏日	冬日	真冬日
1	稚内（わっかない）	32.7	2021. 7.29	-19.4	1944. 1.30	0.0	0.0	8.1	130.8	72.6
2	釧路（くしろ）	32.4	2010. 6.26	-28.3	1922. 1.28	0.0	0.3	7.2	145.8	40.8
3	札幌（さっぽろ）	36.2	1994. 8. 7	-28.5	1929. 2. 1	0.1	8.6	54.6	121.8	43.6
4	函館（はこだて）	33.9	2021. 8. 7	-21.7	1891. 1.29	0.0	4.1	43.4	121.0	28.0
5	青森（あおもり）	36.7	1994. 8.12	-24.7	1931. 2.23	0.4	14.7	65.8	102.5	18.7
6	秋田（あきた）	38.2	1978. 8. 3	-24.6	1888. 2. 5	1.6	22.2	82.1	81.0	7.2
7	盛岡（もりおか）	37.2	1924. 7.12	-20.6	1945. 1.26	0.9	22.4	78.6	121.6	12.4
8	山形（やまがた）	40.8	1933. 7.25	-20.0	1891. 1.29	5.8	41.3	102.6	95.6	6.9
9	仙台（せんだい）	37.3	2018. 8. 1	-11.7	1945. 1.26	0.9	23.0	74.7	65.1	0.8
10	福島（ふくしま）	39.1	1942. 8.15	-18.5	1891. 2. 4	9.2	47.1	104.6	67.3	1.0
11	水戸（みと）	38.4	1997. 7. 5	-12.7	1952. 2. 5	3.1	38.0	96.4	69.0	0.0
12	宇都宮（うつのみや）	38.7	1997. 7. 5	-14.8	1902. 1.24	5.9	49.6	111.3	72.9	0.0
13	前橋（まえばし）	40.0	2001. 7.24	-11.8	1923. 1. 3	13.5	58.2	120.5	46.2	0.0
14	熊谷（くまがや）	41.1	2018. 7.23	-11.6	1919. 2. 9	18.1	62.6	126.1	44.6	0.0
15	銚子（ちょうし）	35.3	1962. 8. 4	-7.3	1893. 2.13	0.0	20.1	77.1	6.1	0.0
16	東京（とうきょう）	39.5	2004. 7.20	-9.2	1876. 1.13	4.8	52.1	118.5	15.2	0.0
17	横浜（よこはま）	37.4	2016. 8. 9	-8.2	1927. 1.24	2.0	48.8	113.3	3.8	0.0
18	八丈島（はちじょうじま）	34.8	1942. 8. 2	-2.0	1981. 2.27	0.0	21.3	105.8	0.0	0.0
19	新潟（にいがた）	39.9	2018. 8.23	-13.0	1942. 2.12	3.6	36.3	100.1	38.9	0.4
20	富山（とやま）	39.5	2018. 8.22	-11.9	1947. 1.29	8.1	47.1	112.4	37.7	0.5
21	金沢（かなざわ）	38.5	1902. 9. 8	-9.7	1904. 1.27	3.5	46.0	111.7	22.8	0.1
22	長野（ながの）	38.7	1994. 8.16	-17.0	1934. 1.24	5.1	47.6	110.5	102.6	5.2
23	甲府（こうふ）	40.7	2013. 8.10	-19.5	1921. 1.16	16.9	71.9	137.7	64.1	0.0
24	静岡（しずおか）	38.7	1995. 8.28	-6.8	1960. 1.25	3.9	53.7	126.5	15.2	0.0
25	名古屋（なごや）	40.3	2018. 8. 3	-10.3	1927. 1.24	15.0	69.7	138.2	23.8	0.0
26	岐阜（ぎふ）	39.8	2007. 8.16	-14.3	1927. 1.24	16.7	72.0	139.4	29.1	0.0
27	福井（ふくい）	38.6	1942. 7.19	-15.1	1904. 1.27	8.6	55.1	123.0	34.2	0.2
28	彦根（ひこね）	37.7	2014. 7.26	-11.3	1904. 1.27	4.6	52.4	116.5	24.3	0.0
29	津（つ）	39.5	1994. 8. 5	-7.8	1904. 1.27	6.3	52.9	121.8	8.6	0.0
30	潮岬（しおのみさき）	36.1	2020. 8.16	-5.0	1981. 2.26	0.0	25.2	110.0	1.0	0.0
31	奈良（なら）	39.3	1994. 8. 8	-7.8	1977. 2.16	11.7	67.4	136.1	47.7	0.0
32	京都（きょうと）	39.8	2018. 7.19	-11.9	1891. 1.16	19.4	75.8	142.6	18.0	0.0
33	大阪（おおさか）	39.1	1994. 8. 8	-7.5	1945. 1.28	14.5	74.9	143.1	3.9	0.0
34	神戸（こうべ）	38.8	1994. 8. 8	-7.2	1981. 2.27	4.7	57.9	130.1	4.4	0.0
35	鳥取（とっとり）	39.2	2021. 8. 6	-7.4	1981. 2.26	12.4	59.1	126.3	25.4	0.1
36	松江（まつえ）	38.5	1994. 8. 1	-8.7	1977. 2.19	6.2	48.6	116.4	22.1	0.1
37	岡山（おかやま）	39.3	1994. 8. 7	-9.1	1981. 2.27	15.2	70.6	140.4	42.1	0.0
38	広島（ひろしま）	38.7	1994. 7.17	-8.6	1917.12.28	8.1	64.3	139.5	12.8	0.0
39	下関（しものせき）	37.0	1960. 8.10	-6.5	1901. 2. 3	0.7	47.6	120.0	1.8	0.0
40	高松（たかまつ）	38.6	2013. 8.11	-7.7	1945. 1.28	12.7	68.6	137.9	13.2	0.0
41	徳島（とくしま）	38.4	1994. 7.15	-6.0	1945. 2. 9	4.6	60.0	132.3	5.3	0.0
42	松山（まつやま）	37.4	2018. 8. 7	-8.3	1913. 2.12	5.1	65.1	138.4	8.9	0.0
43	高知（こうち）	38.4	1965. 8.22	-7.9	1977. 2.17	3.0	66.0	149.8	16.4	0.0
44	福岡（ふくおか）	38.3	2018. 7.20	-8.2	1919. 2. 5	8.1	60.4	137.7	2.5	0.0
45	佐賀（さが）	39.6	1994. 7.16	-6.9	1943. 1.13	13.5	72.2	149.4	19.6	0.0
46	長崎（ながさき）	37.7	2013. 8.18	-5.6	1915. 1.14	2.8	56.5	136.0	3.6	0.0
47	熊本（くまもと）	38.8	1994. 7.17	-9.2	1929. 2.11	15.1	80.7	156.1	25.2	0.0
48	大分（おおいた）	37.8	2013. 7.24	-7.8	1918. 2.19	5.8	58.4	131.1	12.2	0.0
49	宮崎（みやざき）	38.0	2013. 8. 1	-7.5	1904. 1.26	5.2	62.3	141.8	11.9	0.0
50	鹿児島（かごしま）	37.4	2016. 8.22	-6.7	1923. 2.28	6.1	78.0	160.9	1.7	0.0
51	那覇（なは）	35.6	2001. 8. 9	4.9	1918. 2.20	0.2	102.5	213.3	0.0	0.0

注：猛暑日は一日の最高気温が35℃以上の日、真夏日は30℃以上の日、夏日は25℃以上の日。
真冬日は一日の最高気温が0℃未満の日、冬日は一日の最低気温が0℃未満の日。 （気象庁ホームページより）

さくいん

丸つき数字は巻数，あとの数字はページ数をあらわします。

●監修

武田康男（たけだ・やすお）

空の探検家、気象予報士、空の写真家。日本気象学会会員。日本自然科学写真協会
理事。大学客員教授・非常勤講師。千葉県出身。東北大学理学部地球物理学科卒業。
元高校教諭。第50次南極地域観測越冬隊員。主な著書に『空の探検記』（岩崎書店）、
『雲と出会える図鑑』（ベレ出版）、『楽しい雪の結晶観察図鑑』（緑書房）などがある。

菊池真以（きくち・まい）

気象予報士、気象キャスター、防災士。茨城県龍ケ崎市出身。慶應義塾大学法学部
政治学科卒業。これまでの出演に『NHKニュース7』『NHKおはよう関西』など。
著書に『ときめく雲図鑑』（山と溪谷社）、共著に『雲と天気大事典』（あかね書房）
などがある。

●取材協力　ウェザーマップ　呉市立長迫小学校
●写真・画像提供

ウェザーマップ　内田洋行　菊池真以　気象庁　札幌管区気象台

佐藤計量器製作所　武田康男　田中千尋　つくば市立春日学園義務教育学校

日本気象協会　野中到・千代子資料館　箱根町立仙石原小学校
●参考文献

武田康男著『いちばんやさしい天気と気象の事典』（永岡書店）

武田康男著『楽しい気象観察図鑑』（草思社）

高塚てつ彦著『やさしくわかる気象・天気の知識』（西東社）

饒村曜著『入門ビジュアルサイエンス気象のしくみ』（日本実業出版社）

気象庁ホームページ

●協力　田中千尋（お茶の水大学附属小学校教諭）
●装丁・本文デザイン　株式会社クラップス（佐藤かおり）
●イラスト　本多 翔
●校正　吉住まり子

気象予報士と学ぼう！　天気のきほんがわかる本

❶ 天気予報をしてみよう

発行　　2022年4月　第1刷

文　　　：吉田忠正
監　修　：武田康男　菊池真以
発行者　：千葉 均
編　集　：原田哲郎
発行所　：株式会社ポプラ社
　　　　　〒102-8519　東京都千代田区麹町4-2-6
ホームページ：www.poplar.co.jp（ポプラ社）
　　　　　kodomottolab.poplar.co.jp（こどもっとラボ）
印刷・製本：瞬報社写真印刷株式会社

Printed in Japan
ISBN978-4-591-17273-5 / N.D.C. 451/ 47P / 29cm
©Tadamasa Yoshida 2022

気象予報士と学ぼう！

天気のきほんがわかる本

全**6**巻

小学中学年～高学年向き

N.D.C.451　各47ページ
A4変型判・オールカラー
図書館用特別堅牢製本図書